无机非金属材料工业窑炉

张美杰　程玉保　编著

北 京
冶金工业出版社
2008

内 容 提 要

　　本书较全面系统地介绍了无机非金属材料专业各种主要工业窑炉的工作原理、基本结构、热工制度及设计计算等相关知识，以达到正确设计、合理操作和制备优质产品的目的。同时，还尽可能反映目前国内外有关窑炉的新技术、新成果及其发展趋势。

　　本书既可作为高等院校无机非金属材料或硅酸盐专业教材，又可供从事相关专业的工程技术人员及研究生参考。

图书在版编目（CIP）数据

　　无机非金属材料工业窑炉/张美杰，程玉保编著. —北京：
冶金工业出版社，2008.4
　　ISBN 978-7-5024-4522-5

　　Ⅰ. 无… Ⅱ. ①张… ②程… Ⅲ. 无机材料：非金属
材料—工业炉窑—基本知识 Ⅳ. TK175

　　中国版本图书馆 CIP 数据核字（2008）第 053179 号

出 版 人　曹胜利
地　　　址　北京北河沿大街嵩祝院北巷 39 号，邮编 100009
电　　　话　(010)64027926　电子信箱　postmaster@ cnmip. com. cn
责任编辑　朱华英　美术编辑　李　心　版式设计　张　青
责任校对　白　迅　责任印制　牛晓波
ISBN 978-7-5024-4522-5
北京兴华印刷厂印刷；冶金工业出版社发行；各地新华书店经销
2008 年 4 月第 1 版，2008 年 4 月第 1 次印刷
169mm×239mm；11.25 印张；217 千字；168 页；1-3000 册
26. 00 元
冶金工业出版社发行部　电话：(010)64044283　传真：(010)64027893
冶金书店　地址：北京东四西大街 46 号(100711)　电话：(010) 65289081
　　　　(本书如有印装质量问题，本社发行部负责退换)

前　言

　　能源危机和自然环境的日益恶化已引起全世界的关注，作为能源消耗的大户——工业窑炉，作为无机非金属材料工业的核心设备之一，常被比喻为无机非金属材料工厂的"心脏"，其主要技术经济指标及热效率已成为热工工作者研究的热点。新材料、新设备的出现促进了工业窑炉的改革，环保节能型窑炉逐渐推广与应用。我国自改革开放以来，无机非金属材料工业窑炉技术也取得了长足进步，自行设计、建造的各类工业窑炉，其主要技术经济指标，有不少已达到或接近世界先进水平；窑炉种类也较齐全。

　　本书是作者在总结长期从事无机非金属材料工业窑炉设计与改造、无机非金属材料专业"热工基础"及"窑炉学"教学经验，并在参考了国内外相关文献的基础上，为适应无机非金属材料工业科学技术的发展和工程技术人才培养的需要而编写的，内容覆盖本专业的各种窑炉，包括用于水泥及原料煅烧的竖窑、回转窑，陶瓷及耐火材料行业广泛应用的隧道窑，几种应用广泛的间歇式窑炉，原料轻烧炉，玻璃工业用的玻璃池窑及坩埚窑，电阻炉及电热炉，此外还介绍了微波烧结炉及太阳炉等。

　　在编写过程中，本书考虑到各种工业窑炉的共性与内涵：焙烧过程的工艺过程特点与热工过程特点，热平衡计算，筑炉材料，窑炉的砌筑与烘烤，燃烧设备及热工设备的自动控制等，并根据实际生产要求，较全面系统地介绍了本专业各种工业窑炉的工作原理、基本结构、热工制度及设计计算等，旨在使读者能够正确设计、合理操作，从而制备出优质产品，因此，其实用性强。同时，本书尽可能反映目前国内外有关窑炉的新技术、新成果及其发展趋势。

节约能源是我国的基本国策之一，而窑炉又是能源消耗大户，本书十分重视国内外热工工作者为此所做的各种贡献与创新。书中既注意介绍有关理论，又注重各种卓有成效的节能措施。这对于降低能耗，尤其是合理燃烧，提高窑炉的热效率，降低成本，改善操作环境等无疑都是十分有益的。

本书既可作为四年制本科无机非金属材料或硅酸盐专业教材，又可供相关专业工程技术人员及研究生参考。

本书的出版得到了武汉科技大学材料与冶金学院的大力支持，在文字录入及图片处理过程中，武汉科技大学无机非金属材料专业薛海涛硕士生、黄奥博士生等做了大量工作，谨向所有帮助过本书出版的校院领导、老师及研究生表示感谢。

由于编者水平所限，书中不妥之处，敬请读者不吝指正。

编　者
2008 年 2 月

目 录

1　概　述

所有无机非金属材料几乎都要经过高温制备而成。而产生高温就需要热量。产生热量、利用热量的设备称作热工设备。热工设备的主要代表就是窑炉。本书所涉及的热工设备就是在无机非金属材料领域内所使用的主要热工设备。

那么，什么是窑炉呢？窑炉实际上就是指这样一些结构空间，它能够用加热的方法，按照工艺所要求的焙烧制度，使原料（生料）或坯体（半成品）经过一系列的物理化学变化变成产品（熟料或制品）。目前，加热的热量主要来自燃料燃烧所产生的热能或用电能所产生的热能。热工设备（窑炉）的先进性主要体现在：在能够保证稳定的产品质量及产量的前提下，要具有最大的热效率，即最低的单位产品热量消耗（简称热耗）和电能消耗（简称电耗）。所以，从事无机非金属材料专业的本科生和科技工作者，必须掌握有关热工设备（窑炉）的结构、工作原理、热工制度的调整等相关知识，以达到正确设计、合理操作和制备优质产品的目的。

各种类型的无机非金属材料热工窑炉，尽管其具体产品种类不同，而且在结构、流程等诸多方面也存在很大差异，但它们都是热工设备，都具备下列共性与内涵：焙烧过程的工艺过程特点与热工过程特点，热平衡计算，筑炉材料，窑炉的砌筑与烘烤，燃烧设备及热工设备的自动控制等。

1.1　热工过程的特点

无机非金属材料工艺过程的特点之一就是，不管使用哪一种焙烧方法，使原料（生料）或坯体（半成品）变成产品（熟料或制品），大体上都要经历预热、焙烧和冷却这三个阶段（过程），只是具体的产品在这三个阶段中的具体细节有所不同。而热工窑炉必须在其结构和焙烧制度上来满足这些要求。这样，就有两种类型的热工窑炉可供选择：一类是在同一设备结构空间内，在不同时间来满足不同阶段的工艺要求，这类窑炉称为间歇式热工窑炉，也就是要一炉一炉的焙烧产品。另一类是在其结构空间内的不同区域来满足不同阶段的工艺要求，即原料（生料）或坯体（半成品）在这类热工窑炉内经过预热区、焙烧区和冷却区后成为产品（熟料或制品）。这类热工设备的每一点，其热工参数（如温度、压力、气氛等）基本上是稳定不变的。这类窑炉称为连续式热工窑炉。另外，还有些热工窑炉介于上述二者之间，称为半连续式热工窑炉。

　　间歇式热工窑炉是传统的热工窑炉，其优点是结构较简单、建造成本相对较低、机动性较强，适合于多品种、产量不大的产品，或用于实验室；其缺点是余热得不到充分利用，窑炉的热效率较低，劳动强度大，难以实现机械化和自动化，产品质量受人为因素影响较大，因而传统的间歇式热工窑炉目前已逐渐被淘汰。

　　连续式热工窑炉由于其烟气和产品的余热可以被有效地利用，其热效率较高，容易实现自动化与机械化，因而生产成本相对较低，且产品质量优良而稳定，工人的劳动强度较小等，因而目前无机非金属材料工业领域广泛采用这类热工窑炉进行生产。本章将重点介绍这类热工窑炉。至于半连续式热工窑炉，其缺点类似于间歇式热工窑炉，因而在现代工业规模生产中也基本上被淘汰。

1.2　窑炉分类

　　无机非金属材料工业大致包括耐火材料水泥、玻璃、陶瓷、建筑材料（砖、瓦等）、搪瓷、磨料等行业。这些行业所用的热工窑炉分类方法很多，如既可按上述行业来分，也可按其用途来分（如焙烧什么产品，就称为什么窑炉），也可按焙烧温度来分等。在这些分类方法中，有些窑炉为某些行业专用（如玻璃行业用的池窑、坩埚窑等），有些窑炉则为多个行业所共用，如隧道窑就广泛应用于陶瓷、耐火材料、建筑材料等行业。以下主要就上述有关行业所用窑炉作一简介。

　　耐火材料工业所用热工窑炉种类较多。大致可分为三大类：一类为原料煅烧窑炉，如竖窑和回转窑；第二类是制品烧成窑炉，如隧道窑、倒焰窑、梭式窑等；第三类是原料（一般为高纯原料）轻烧窑炉，如多层炉、沸腾窑、悬浮轻烧炉等。此外，煅烧活性石灰用的回转窑、双梁竖窑等也属轻烧窑炉。当然，也还有一些不烧制品用的烘烤设备。

　　水泥工业主要热工窑炉为回转窑和立窑。传统的回转窑又有湿法、干法及半干法之分。随着科技的进步，以悬浮预热和窑外分解技术为核心的新型干法水泥回转窑系统已经取代了传统的回转窑，在水泥生产中取得了优势地位。而立窑在水泥工业中虽不属先进的热工设备，但目前国内仍大量存在，故也应有所了解。

　　玻璃工业热工窑炉主要是池窑和坩埚窑。目前，坩埚窑除一些特殊玻璃产品外，已基本上不再使用。而池窑一般又分为平板玻璃池窑和日用玻璃池窑，其中，用锡槽进行平板玻璃成型的浮法工艺已显示其强大的生命力。当然，成型后的玻璃产品需要进一步加热退火才能成为高质量的玻璃产品，因而就有退火炉。

　　陶瓷和建材工业热工窑炉主要指隧道窑（连续式）、倒焰窑及由此发展起来的梭式窑（间歇式）、生产砖瓦用的轮窑（半连续式）。陶瓷工业所用连续式生产的隧道窑最早为窑车式隧道窑，以后出现了非窑车式隧道窑，如辊道窑、推板窑、步进窑和气垫窑等，尤其是辊道窑的出现，使得快速烧成、全自动控制和低污染生产成为可能，这就为焙烧高质量、高品位、高档次的陶瓷产品提供了极大的方便。当然，由于辊道窑自身结构的限制，目前还不能完全代替窑车式隧道窑。梭式窑是在倒焰窑基础上借鉴隧道窑中的窑车技术而发展起来的一种小型现代化窑炉，其炉衬几乎全部用高质量的保温材料砌筑，窑体蓄热量较低，其热工制度可根据制品需要随时调整，又非常机动灵活，非常适合于实验室研究、新产品开发中的小试、中试以及一些小批量产品的焙烧等。这种窑炉还适用于高技术陶瓷材料（又称特种陶瓷或功能陶瓷等）的小批量生产，因其产品技术含量高，故产品的附加值较高，因而颇受科技工作者、中小企业家和新技术推广人员的欢迎。与梭式窑工作原理相类似的还有钟罩窑、蒸笼窑和升降窑等。

在窑炉分类中，还有一类为电热窑炉，它是利用电能而不是靠燃料燃烧而获得的热能来焙烧（或熔制）产品的窑炉。按产生热能的机理不同，可分为电阻炉、电磁感应炉、电弧炉与弧像炉、电子束炉和等离子炉等。电阻炉是利用电热体（电热元件）通电发热的原理来产生热能。但有的电热体发热时极易被氧化而损坏，因而这类电阻炉内应通入保护性气体或抽成真空。电磁感应炉是利用电磁感应的作用原理在导体内产生感应电流，而此电流因导体的电阻而产生热能。电弧炉是利用电弧的作用而产生热能。弧像炉仍是利用电弧为热源，其不同之处在于：弧像炉要利用一个适当的光学装置将热能聚焦到被加热的材料上，从而形成一个辐射圆锥，使热源在圆锥的尖端处成像，该成像处温度最高。电子束炉是利用高速运动电子的能量作为热源。等离子炉是从电能产生的等离子体能量中获得热能。一般的火焰炉所能达到的温度都有一定的限度，通常难以超过2000℃，而电热窑炉则能够产生极高的温度，除某些电阻炉外，其他电热窑炉都能产生几千摄氏度的高温，有的电热窑炉（如等离子体炉）能够产生10000℃以上的高温。目前，制约电热窑炉发展的因素是电能的价格较高，故大规模的商业化生产很少采用电热窑炉。电热窑炉大多只在实验室和一些特殊场合使用。所谓特殊场合，是指那些材料制备时需要温度极高的场合。除此之外，利用太阳能聚焦产生高温的太阳炉也是很有发展前途的一种窑型，目前只因受气候和气象条件的影响较大而受限。

此外，为了充分利用热工设备的余热，余热锅炉的开发已提到议事日程，尤其是传热效率极高的热管技术的应用，使得低温余热（锅炉）发电成为可能，其成功的范例就是应用在新型干法水泥熟料煅烧系统和浮法玻璃池窑中的锅炉。耐火材料工业中，煅烧原料用高温竖窑的汽化冷却炉衬及隧道窑中的余热锅炉（产生蒸汽）也属于余热利用例证。

1.3　筑炉材料、窑炉砌筑与烘烤

窑炉是一个能够产生高温的空间，构成这个空间的材料称为筑炉材料。而筑炉材料应包括耐火材料和保温材料（或隔热材料）两大类。此外，为了增强窑体的结构强度，筑炉材料还应包括普通建筑材料（如灰渣砖等）和金属材料等。

从热工窑炉的角度来看，我们的着重点应当放在如何正确、合理地为各类热工窑炉选择耐火材料、保温材料等筑炉材料，从而保证窑炉既经久耐用，且造价合理，又能使焙烧过程的成本降低。在无机非金属材料工业中，由于不同行业焙烧的品种各异，要求不同，所选用的热工窑炉必然各不相同，故所选用的筑炉材料差异也较大。如水泥窑炉常用的耐火材料是黏土砖、高铝砖、镁质制品及浇注料等；玻璃窑常用硅砖和电熔锆刚玉砖等；陶瓷和耐火材料工业窑炉所用耐火材料及保温材料品种较为广泛；而其他焙烧温度相对较低的热工设备，其常用耐火材料为价格较低的黏土砖等。当然，要对某一具体工业窑炉选用合适的筑炉材料是一项相当复杂而慎重的工作，必须针对该窑炉所焙烧产品的要求，确定该窑炉不同部位或不同阶段所要求的温度、压力、气氛及耐腐蚀性能等，选用最合适的材料，真正做到物尽其用、各取所长，且造价合理等。这些内容在介绍每种工业窑炉时将分别予以简介。

近些年来，随着新型耐火材料及保温材料的出现，窑炉的结构也朝着轻质、保温、耐久和装卸简单、方便的方向发展，这是科技进步的必然发展趋势。如在陶瓷工业领域，轻质保温耐火砖、优质耐火纤维制品的出现，已经彻底改变了传统窑炉笨重的现象，使之变得既轻巧又节能。目前，轻质耐火砖陶瓷窑、全耐火纤维陶瓷窑已成为现代化陶瓷窑炉的一个重要标志。

既然窑炉是一个产生高温从而能焙烧出合格新产品的结构空间，那它就是一种特殊的建筑结构，这就意味着它的砌筑除了符合一般建筑规范外，还要符合一些特殊的筑炉规范及要求。如内衬灰缝与膨胀缝要按规定留设，对窑体应有相应的紧箍结构，对湿法砌筑的窑炉，要选用合适的耐火泥浆等。一般说来，窑炉应由有资质的专业筑炉队施工，且由有资质的管理人员进行监理，施工结束时，应组织专班按相关标准及规范进行检查与验收，验收合格后，方可投入使用。

新砌筑的热工窑炉，其砌体一般均含有较多的水分，随着窑炉的加热升温，这些水分将会被排除，而砌体的体积将会收缩。另外，某些耐火材料（如硅砖等）在某些温度范围内还会发生晶型转变，同时伴随体积变化。而生产过程是按被焙烧产品所需要的升温速度进行加热的。对窑炉而言，这种加热速度很难刚好适应耐火材料砌体的上述体积变化，从而会在上述砌体内造成较大的应力。如果其应力超过了筑炉材料能够承受的最大应力，将会造成整个砌体的破坏。故新建窑炉在正式投产之前，都要按有关规定制订烘窑方案和烘烤曲线，并对其进行烘烤，以排除其砌体中的水分，完成其相应的晶型转变，从而确保窑炉能安全稳定地进行生产。

1.4　热工测量装置

对热工窑炉的有关参数进行检测非常重要。这些参数是热工窑炉的"耳目"。通过检测窑炉有关的温度、压力、流量、气氛等，我们就能对窑炉的运行情况了如指掌，发现问题，可以通过这些参数分析原因，针对存在的问题采取相应措施，以确保窑炉正常运行。目前，有关的检测仪器、仪表等种类繁多，也很精确，既可显示，也可实现无纸记录与储存，还可以通过网络实现远程监控等，非常方便。热工工作者只要正确选用与安装调试即可。值得注意的是，这些检测装置是不可或缺的，且要正常维护与使用，否则便会成为聋子的耳朵。

1.5　热工窑炉的自动控制

为使热工窑炉能够严格地按照工艺所确定的热工制度长期、安全、稳定地运行，热工窑炉还应有现代化的自动控制技术。目前，现代化工厂一般都设有中央控制室。所采用的自动控制方法多为集散型计算机控制系统。该系统具有通用性强、系统组态灵活、控制功能完善、数据处理方便、显示操作集中、人机界面友好、安装简单规范、测试方便、动作安全可靠等特点。当然，不同厂矿、不同窑炉，要求与条件各异，自动控制的内容与程度差异较大。对这方面有兴趣的读者可查阅其他详细的文献资料或专著。

2 竖 窑

竖窑（又称立窑）是我国目前应用较为广泛的耐火原料（如镁石、白云石、高铝矾土、硬质黏土等）、冶金石灰和水泥熟料的煅烧设备，它与这些物料的另一种煅烧设备——回转窑相比，具有结构简单、投资较省、热效率较高、燃料消耗较低等优点。但由于大多数竖窑目前仍以焦炭为燃料，故要消耗较多的冶金焦，且燃料灰分夹杂于熟料中，降低了产品质量，对于高纯原料，如白云石、镁石等，当采用一步煅烧时，由于达不到所要求的煅烧温度，难以烧结，故欠烧率较高，其原料入窑块度要求也较大，以致大量碎料不能直接利用；窑内温度难以控制，沿窑断面的煅烧温度不均匀，往往易造成欠烧与过烧，影响产品质量；操作不当时，还会出现粘窑、结砣等现象，妨碍正常生产。

回转窑具有生产能力大、对原料适应性强、产品质量较均匀稳定、机械化程度高等优点，但也有热效率较低、燃料消耗量较高、设备投资较大、排出废气中含有较多粉尘、除尘设备较复杂等弊端。

为了提高原料煅烧质量，充分利用矿山资源，节约焦炭，对耐火原料煅烧设备宜采用竖窑、回转窑联合使用，在大型厂矿更应如此，对高纯原料，宜采用二步煅烧工艺。目前，我国在这方面已取得长足的进步。

2.1 结构

竖窑为一筒状窑体，物料从顶部加入，由底部卸出，而燃料燃烧所需空气由底部进入，燃烧产物（烟气）由顶部排出，故其属于逆流热工设备。

竖窑大致分为三带，即预热带、煅烧带、冷却带。物料在预热带借助于烟气的热量而预热，在煅烧带由燃料燃烧所放出的热量进行煅烧，在冷却带已煅烧好的物料与窑底鼓入的冷空气进行热交换，物料被冷却，而加热后的空气进入煅烧带供助燃用。为保证物料良好煅烧，上述三带应分别保持一定高度，并力求稳定。

竖窑的种类很多，分类方法多种多样，既可按其不同特征进行分类，如按不同燃料分为固体、液体、气体燃料竖窑；也可按煅烧物料种类分类，如黏土、高铝、镁石、白云石、水泥、石灰竖窑等；还可以按通风方式、体积大小、机械化程度、煅烧温度等进行分类等。但其基本结构大致相同。

2.1.1 窑体形状

窑体形状对物料在窑内的运动和气流在窑内的分布无疑都有重要影响。对其基本要求是应保证窑内物料均匀下沉和顺行，应使气流沿窑截面均匀分布。其形状大致有如下4种形式。

（1）直筒形。即上下内径相同的圆筒形，它适用于煅烧各种耐火原料和使用各种燃料，因而被广泛采用，其结构如图2-1所示。

这种竖窑结构简单，坚固，有利于物料顺行与下沉，且砌筑方便。但物料一旦烧结，体积便会收缩，故物料在窑内自上而下运动时，必然会在收缩处与窑壁间形成环形缝隙，使气体在窑周边的阻力比窑中间的要小，物料在窑壁处也较中部疏松，从而使竖窑同一断面通风不均，以致物料煅烧不均。

（2）喇叭形。为克服上述弊端，可将煅烧带内径略加收缩，从而可减少物料与窑壁间的间隙，使气流沿窑截面分布较为均匀。对使用汽化冷却炉衬的竖窑，还可使周边物料在下沉过程中有可能向内翻动从而改善物料的煅烧条件，减少欠烧品，如图2-2所示。

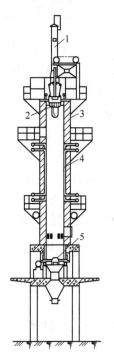

图 2-1　直筒形机械化竖窑

1—烟囱；2—布料器；3—内衬；

4—汽化冷却炉衬；5—出料器

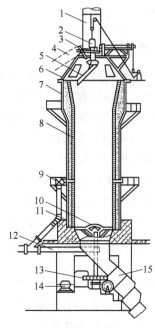

图 2-2　机械化水泥竖窑

1—烟囱；2—钢丝绳防扭器；3—传动装置；4—皮带加料机；

5—撒料溜子；6—窑罩；7—窑体；8—耐火砖；9—腰风管；

10—卸料箅子；11—铸铁衬；12—底风管；13—涡轮

传动装置；14—电动机；15—卸料密封装置（三道闸门）

（3）哑铃形。为扩大窑的容积（一般为容积大于50m³时），常采用预热带和冷却带扩大的哑铃形截面，其结构如图2-3所示。

这种炉型截面的变化有一定的要求，即由煅烧带向预热带扩大时，应在较长距离内平缓过渡，以利于窑内物料顺行；反之，如果过渡过急，将会影响周边物料的下沉，导致其过热分解，强度下降，加料时受料块撞击易粉碎。但由煅烧带到冷却带的扩大则宜在很短距离内完成，以利于从冷却带周边上行的气流向煅烧带中心流动。不过，高温竖窑应适当加长，以尽可能提高助燃空气的温度，并使物料充分冷却。

（4）矩形截面，以重油与煤气为燃料的竖窑由于圆形截面受火焰穿透深度的限制，窑容积不能过大，因此，对大容积重油、煤气和外火箱竖窑，需采用矩形截面，其容积范围大致为：白云石、镁石及黏土、高铝竖窑大于50m³，石灰竖窑大于100m³。

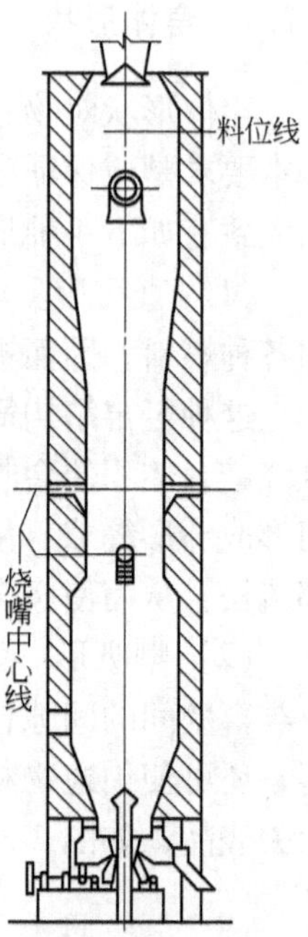

2.1.2 内径与高度

窑的内径由煅烧物料性质、煅烧温度、生产操作灵活程度等因素决定，内径越大，产量越高；但若太大，则难以在全窑截面上保持通风良好并煅烧均匀，窑内煅烧情况也不易掌握。现有白云石及镁石竖窑的内径多为 $1.6 \sim 2.5$m，石灰石竖窑内径为 $2.4 \sim 4.0$m，而水泥窑的内径一般在 2.5m 以内。

窑的高度取决于物料在窑内预热，煅烧和冷却所需要的时间。窑体过高，流体阻力大，风机能力不足时，竖窑的产量、质量均降低，且动力消耗大；而窑体过短，熟料冷却效果差，空气预热不够，物料在预热带预热时间短，烟气温度过高，热耗增加，同样也会使出窑产品的产量、质量降低，因此，窑体应有最佳的高径比。

竖窑的高径比 K_L 为窑的有效高度（指窑底出料口到上部加料口之间的垂直距离）H 与窑的内径 D 之比，即 $K_L = H/D$。

高径比是竖窑的重要参数之一。其大小一般根据物料性质、煅烧温度、产量及能量消耗等因素来确定。显然，K_L 过大过小都不利，应合理选择。一般竖窑的高径比为 $5 \sim 7$，对煅烧温度很高的白云石、镁石竖窑，K_L 一般取 $6 \sim 7.6$，超高温竖窑甚至达 $10 \sim 13$；石灰石和黏土竖窑，K_L 可取 5，而水泥竖窑，K_L 一般为 $3 \sim 4$。

有关竖窑的技术性能见表2-1。

图 2-3　哑铃形重油石灰竖窑

（图中标注：料位线、烧嘴中心线）

表 2-1　有关竖窑技术性能

参数 \ 窑型	20m³ 机械化白云石竖窑	250m³ 机械化石灰竖窑	100m³ 矩形竖窑	高温镁砂竖窑	机械化水泥竖窑
有效直径/m	$\phi1.85/\phi1.65$	$\phi4.0$	预热带 $D \times H = 2 \times 6$ 煅烧带 $D \times H = 1.2 \times 6$ 冷却带 $D \times H = 2 \times 6$	$\phi0.7 \sim \phi0.8$	$\phi2.5$
有效高度/m	10	20	11.6	9	10
物料块度/mm	30 ~ 120	40 ~ 60； 60 ~ 120	25 ~ 150	$30 \times 20 \times 14$	<200
焦炭块度/mm	25 ~ 40	25 ~ 40	0 ~ 25	重　油	
标准燃料消耗/%	35		10	10 ~ 11	12.6
煅烧温度/℃	1600 ~ 1700	1100 ~ 1200	1250 ~ 1400	1900 ~ 2000	
加料装置	气动加料钟	旋转布料器		固定式加料斗	双撒料溜子
出料装置	$\phi1600mm$ 圆盘出料机	螺锥出灰机	推板出料机	电振出料机	盘式出料机
卸灰装置	电磁振动给料机			料　封	四段闸门
附属装置	排烟机	排烟机	自动送煤机排烟机	排烟机压缩机	

2.1.3　窑体砌筑材料

竖窑窑体砌筑材料一般分为 3 层，从里到外依次为工作层、永久层（或称保护层）、隔热层，最外面用钢板作壳体，层与层之间留有膨胀缝。显然，工作层材质的选择与砌筑很重要，因其工作条件恶劣，尤其是煅烧带，除承受高温外，还有强烈的化学侵蚀作用、机械磨损、温度波动及物料撞击等。但煅烧不同物料的竖窑，其工作层的操作条件差别较大，同一竖窑不同段带的操作条件亦不相同，故选择工作层材质时应根据具体情况正确选用，这是延长工作层使用寿命的重要措施。

永久层不直接接触火焰与物料，其作用是当工作层过度磨损或烧穿时能保护炉体，可采用一般耐火材料，但对于高温竖窑的煅烧带，其永久层材质仍要求很严，以确保炉体在高温下不致烧穿。

隔热层一般可由填料构成，但要求隔热良好的竖窑需由隔热砖与填料两层构成。

有关竖窑窑体材质的选用见表 2-2。

表 2-2　有关竖窑窑体材质

层带材质/窑别		石灰竖窑	黏土竖窑	白云石镁石竖窑	高铝竖窑	高温竖窑
工作层	煅烧带	黏土砖	黏土砖（一级）	焦油白云石	高铝砖	高纯镁砖
	其他带	耐火混凝土			黏土砖	
永久层	煅烧带	建筑砖	建筑砖	黏土砖	黏土砖	高纯镁砖
	其他带					
隔热层		黏土熟料	黏土熟料	黏土熟料或石棉板，矿渣填料	黏土熟料及矿渣	镁质捣打料

　　目前，有些以焦炭为燃料的白云石或镁石竖窑常采用钢制汽化冷却炉衬，以代替煅烧带的砖内衬。这样，便可借助于水的汽化来吸收煅烧带窑壁的热量，降低其温度，从而减少甚至消除粘窑事故。

　　这种汽化冷却窑衬由汽化窑衬（水套或水管）、分汽包和上下水管所组成，其汽化循环原理可参照图 2-4 说明如下。

　　在距分汽包液面 H 处的水套内有 A、A' 两点，假设被一挡板隔开，流体处于静止状态，可用流体静力学方程分析。

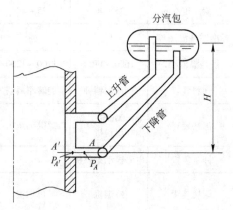

图 2-4　竖窑汽化炉衬示意图

　　A 点所受压强 p_A 为

$$p_A = p_0 + \rho_w gH \qquad (2-1)$$

A' 点所受压强 $p_{A'}$ 为

$$p_{A'} = p_0 + \rho_{v-w} gH \qquad (2-2)$$

压强差为 Δp

$$\Delta p = (p_A - p_{A'}) = (\rho_w - \rho_{v-w})gH \qquad (2-3)$$

式中　ρ_w——水的密度，kg/m^3；

　　　　ρ_{v-w}——汽、水混合物的密度，kg/m^3。

　　由于 $\rho_w > \rho_{v-w}$，所以 $\Delta p > 0$。

　　若取消此挡板，在上述压强差的作用下，便会使汽、水循环，显然，分汽包位置愈高，则 H 值愈大，愈有利于汽、水循环。

　　汽化冷却炉衬一般分为套管式、全管式、砖管式和间管式 4 种，其示意图如图 2-5 所示。每种形式都各有其优缺点。选用时应考虑最大限度地减少冷却壁面

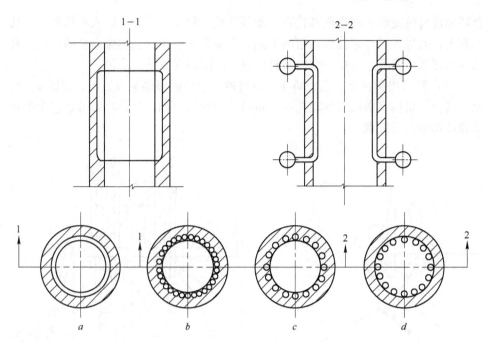

图 2-5 汽化冷却炉衬形式
a—套管式；b—全管式；c—砖管式；d—间管式

积，以减少对边缘物料的影响，并降低冷却壁热耗量，同时应避免经常维修衬砖，故宜采用间管式。

这种炉衬虽可降低窑壁温度，减少粘窑事故，改善操作条件，但由于部分热量消耗于水的汽化上，燃料消耗量有所增加，同时，由于窑壁温度降低，欠烧料将会增加。所以，当竖窑采用汽化冷却炉衬后，在操作技术上也应作相应改进，并尽可能充分利用汽化的蒸汽。

2.1.4 布料装置

布料装置是竖窑关键设备之一。它决定物料在窑内分布是否合理，影响气流在窑内的分布，直至影响窑的一系列热工参数和操作状态。对布料装置的基本要求是：尽可能消除或减少"窑壁效应"，均衡窑内流体阻力。合理的布料方法是：使大块物料布于窑中心，中小块物料布于四周，以使流体沿断面分布均匀。常用的布料装置有如下几种：

（1）固定式布料钟。在竖窑顶部设置固定料钟，加料时料块沿料钟撒向窑内。它结构简单、省钢材，但不能调节，布料不均匀，仅适用于小型竖窑。

（2）回转式分级布料器。这种布料器克服了固定式料钟的缺点，整个布料器随伞形齿轮旋转，在中间部位有一倾斜筛板，料块由进料斗落入布料器，大块的筛上料通过布料斗短腿撒向窑的中间，小块筛下料由其长腿撒向窑的周边，其结构如图 2-6 所示。这样，窑内布料合理，窑断面气流分布均匀。

（3）升降式布料器。它由料斗、布料钟、伞形调节器等所组成，如图 2-7 所示。其升降机构有电动及气动两种。布料钟的行程可调，布料状态可通过伞形调节器活动板的长度调节。

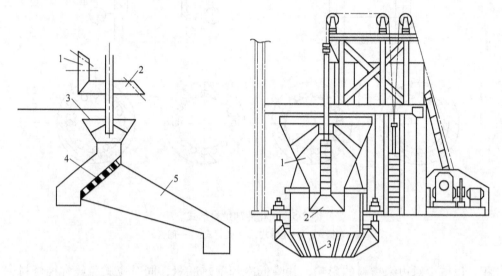

图 2-6　回转式分级布料器

1—小齿轮；2—大齿轮；3—进料斗；
4—筛板；5—布料器

图 2-7　升降式布料器

1—料斗；2—布料钟；3—伞形调节器

（4）机械加料装置。水泥竖窑的机械加料装置是在窑罩内安装的回转撒料溜子，如图 2-8 所示。加料斗上装有传动齿轮，由电机通过减速机带动回转，撒料溜子通过铰链与加料斗下口相连，随加料斗一起转动，并可做正反向旋转，也可以停在某一位置下料，下料溜子与窑中心线有 0°～45°夹角，可根据下料位置之需调整角度大小，以便沿窑断面均匀布料。

2.1.5　出料装置

出料装置对稳定竖窑生产具有重要意义。该装置应能保证出料时窑内物料均匀下沉，窑内三带相对位置不被破坏，且对大块物料能起破碎作用，并易于解决密封问题。常用的出料装置有如下几种：

（1）拖板出料机。其本体为带有 4 个轮子的平板小车，安装于导轨上，通过传动装置使小车在轨道上做往复运动，推动窑内物料落入窑下的受料斗。拖板小车

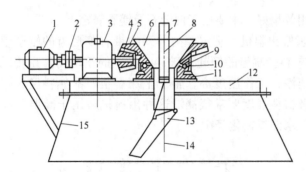

图 2-8　带有撒料溜子的布料器

1—电动机；2—联轴节；3—减速机；4—小伞齿轮；5—大齿轮；6—加料斗；
7—套管；8—钢丝绳；9—钢圈；10—钢球；11—底座；12—窑罩顶盖；
13—撒料溜子；14—窑中心线；15—窑罩

上安装三角横梁，以减轻其所承受的料压，并起分料作用，其结构如图 2-9 所示。

　　这种出料机结构简单，运转可靠，便于制造，投资省，但出料均匀性较差，对窑内结砣物料无破碎作用，故只适用于松散状物料，如仅在中小型石灰竖窑和外设火箱矩形黏土竖窑上使用。

　　（2）圆盘出料机。其主要部件为一旋转的圆盘，盘上装有可拆换的铸钢衬板，板上铸有菱形齿，并有大小不等的下料孔。当齿盘转动时，物料通过下料孔落于窑下的受料斗内。齿盘则以液压、伞齿轮、立轴或棘轮装置支承于底座上，或固定于传动立轴上，如图 2-10 所示。这种出料机对物料有破碎作用，能连续

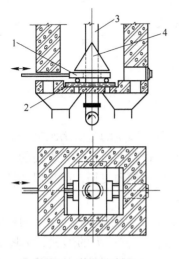

图 2-9　拖板出料机

1—平板小车；2—轨道；3—轴；4—三角横梁

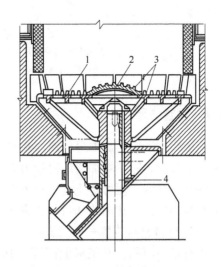

图 2-10　圆盘出料机

1—出料盘；2—中心盘；3—破碎齿；4—竖轴

均匀出料，使用效果好，主要用于白云石及镁石竖窑上。

（3）摆动齿辊出料机。它主要由并列的带有菱形齿的辊子组成，其结构如图 2-11 所示。熟料受辊齿的倾轧而破碎。齿辊的摆动由液压传动。由于辊子的长径比大，转速慢，工作温度高，辊子上压有很厚的熟料层，因而对其耐热性能、密封结构及材料强度要求很高。这种出料机适用于高温下易结砣物料的破碎，特别适用于水泥机械化竖窑。

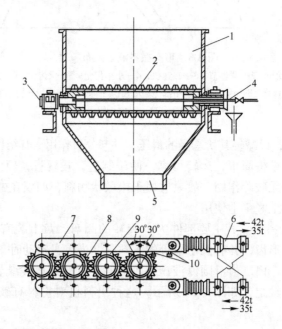

图 2-11　摆辊式出料机

1—窑体；2—辊子；3—轴承；4—冷却水管；5—出料口；6—油缸；
7—连杆；8—辊轴；9—摇杆；10—行程开关

2.1.6　密封装置

在竖窑生产中，加大窑内通风量是提高其产量、质量的主要措施之一。随着通风量的加大，除了增加通风机能力外，加强窑的密封性能也是很重要的。安装有效的密封装置，便可防止空气自下部逸出，造成漏损和飞扬，但又保证熟料能连续从窑内卸出。常用的密封装置有如下两种：

（1）机械密封装置——三道闸门。它是由 3 个互相叠置、倾角 45°的机壳组成。为有足够容积，又能降低高度，其壳体做成向下方扩大的形式，如图 2-12所示。机壳内有一道截流阀和二道密封闸门。第一道截流阀是一块可绕固定轴心摆动的扇形铁板，其作用是截流、控制卸料量和卸料时间。第二和第三道密封闸门，由圆盘形的闸门和与其配套的圆环形闸门框所组成。闸门框固定在机壳上，闸门则由曲柄带动可绕固定轴做80°摆动，能开启或闭合。为保证密封，闸门圈和闸门框分别作成凸凹形，使其闭合紧密。此外，三道闸门启闭顺序应配合好，其开闭次序为：1）打开第二道闸门，2）打开截流阀，3）关闭截流阀，4）关闭第二道闸门，5）打开第三道闸门（卸料），6）关闭第三道闸门。因第二道闸门始终不与熟料直接接触，工作条件最好，主要起封气作用。而第三道闸门因有熟料留在其中，会引起卡料、磨损或变形，故封气性较差。

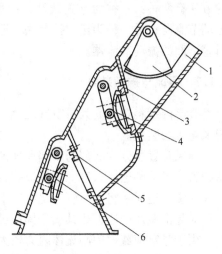

图 2-12　机械密封装置

1—机壳；2—第一道截流阀；3—第二道门框；4—第二道密封闸门；5—第三道门框；6—第三道密封闸门

（2）料封管密封装置。它是利用下料管中的料柱来锁风的。其系统由料封、自控和收尘部分组成，其结构如图 2-13 所示。它是一段直径 350～400mm 的料封管，管的上端由接头与下料溜子相连接，管的下端有一台电磁振动节流器。

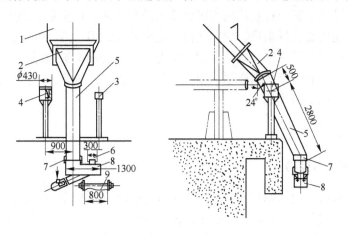

图 2-13　料封密封装置

1—竖窑溜子；2—天方地圆接头；3—探测器；4—γ射线料位计；5—料封管；
6—收尘管；7—除尘布；8—电磁振动节流器；9—板式输送机

熟料卸入料球管内，形成料柱，根据其高度的变化，通过自控装置控制电磁振动节流器。当料柱堆积到某一高度时便出料，当其下降到设定位置时便停止出料，这样，料封管内始终保持一定高度的料柱，实现锁风之目的。监视料柱高度的方法有两种：一种为 γ-射线法，即用 γ-射线直接测定料位的变化，借以控制振动节流器；另一种为压差控制法，即根据料位高低所产生的压差变化来控制料封管下面的振动节流器。

2.1.7　通风与排烟装置

竖窑内燃料燃烧需大量空气助燃，产生的烟气也需及时排出，故竖窑必须有通风与排烟装置。

通风装置可分为底部与腰部通风两种方式。前者是将总风管引至窑体下部，从卸料箅子下部送风入窑。进风口装有风帽，对准窑体中心，故其属于中心通风方式。腰部通风是将总风管环绕窑身中部，沿圆周均匀设置的风口通入窑内，风口正对竖窑截面中心，故其属于周边通风方式。

由于竖窑横截面中心流体阻力较大，通风条件差，采用中心通风方式有利均匀送风。同时，这种通风方式可利用熟料余热充分加热助燃空气，使其进入煅烧带后能提高燃烧温度，降低热耗，还有利于冷却卸料装置，故常采用。

鉴于竖窑内流体阻力大，竖窑最好采用回转式通风机（罗茨、叶氏两种）。其优点是送风量稳定，窑内阻力增减时风量变化很小，风压及效率均较高。离心式风机可用于风压在 1.4kPa 以下的竖窑，其风量随窑内阻力变化而波动较大，当阻力增大时，风量下降很快，影响竖窑正常操作，故应慎重选用。

竖窑的排烟装置分自然排烟与机械排烟两种。前者由窑罩与烟囱组成。后者在此基础上还要安装排烟机。烟囱愈高，抽力愈大，但过高则安装加固困难。而水泥竖窑因产生大量水汽会凝结在烟囱壁上，流入窑内会影响操作。对采用抽出通风或均衡通风的竖窑，则必须采用机械排烟；但对压入式通风竖窑，只需在废气除尘时才考虑机械排烟。

2.2　工作原理

2.2.1　窑内物料运动

物料在窑内运动的原因有二：一是物料在煅烧时体积收缩而引起上层物料（预热带与煅烧带）的运动；二是由于下部物料的卸出而使全窑物料运动。这两种运动受不同因素的支配，前者取决于煅烧物料的收缩及燃料燃尽情况，后者取决于出料装置的性能及窑内情况。

物料在窑内某一断面处的下降速度可用下式计算

$$u = \frac{G}{0.785D^2\rho_{\mathrm{m}}} \tag{2-4}$$

式中　u——物料下降速度，m/s；

G——窑的产量，kg/h；

D——窑的内径，m；

ρ_m——物料的平均堆积密度，kg/m³。

显然，窑的出料量愈大，u 愈大，而 D 及 ρ_m 愈大，则 u 愈小。

物料在各带停留时间可按下式计算

$$\tau = \frac{H}{u} \tag{2-5}$$

式中　τ——物料在该带停留时间，h；

H——该带高度，m；

u——物料在该带平均下降速度，m/h。

物料的运动速度无疑会影响其在窑内的停留时间。若停留时间过短，会产生欠烧料，并影响余热利用；若停留时间过长，也会影响产量与质量。物料在窑内的停留时间应与窑内气流运动及传热情况相配合，如能适当提高煅烧温度，加大气流速度，减少物料块度（尤其是料块的均匀性）等，均可加速传热效率，缩短物料在窑内的停留时间，提高窑的产量。

由于竖窑内的物料运动主要依靠其自重做垂直向下运动，不像回转窑内物料能不断翻滚，因而物料受热不均，这是竖窑煅烧熟料质量不均的原因之一。

2.2.2 窑内气流运动

竖窑中的气体从底部鼓入，经顶部烟囱排出，中间穿过数米或十余米散料层，能量损失很大。因此，如何使气流在窑断面上合理分布，减少损失，保证竖窑产量、质量的稳定与提高至关重要。

（1）竖窑产量与通风条件的关系。当竖窑断面一定，若增大空气量，则气体流速加大，燃料燃烧速度加快，窑内燃烧速度随之提高，气流与物料间的对流换热加强，从而加快物料预热、煅烧与冷却过程，窑的产量、质量均可提高。但气体流经散料层的能量损失也随之增大。故必须保证竖窑所选用的风机具有足够的风量与风压。为减少动力消耗，应确定较为经济合理的气流速度。

（2）窑内气体运动的能量损失。窑内气体流动属于气体通过散料层的流动，其影响因素很多，情况很复杂。详细资料参阅文献［5］。

（3）竖窑断面上的气流分布——窑壁效应。竖窑中物料同一断面上堆积方式不同，在靠近窑壁处，物料与窑壁之间的孔隙率较之物料之间的孔隙率要大，加之物料收缩（煅烧后）造成环形缝隙，使气流较易从周边通过。由于气流分配不均，致使物料在窑的同一断面煅烧不均，该现象称为窑壁效应，它影响煅烧带物料在窑中的位置与形状。如用固体燃料的混料窑，周边燃料会较早点燃，且燃烧速度较快；而中心部位则较缓慢，从而形成如图 2-14 所示的"碗状"煅烧带。随着鼓风压力的提高，空气供应量充分，整个煅烧带将向上移动，并相应缩短，但其周边仍比中心处要快，故其断面仍呈"碗状"，如图2-14a所示。若竖窑阻力大，鼓风压力不足，空气供应不充分，则煅烧带向下移动，并且拉长，如图2-14b所示。这不仅会降低煅烧带温度，还使冷却带变短，从而影响物料的煅烧与冷却。

如果竖窑周边气体流动阻力过小，而燃料又较多，将会使窑壁温度过高，燃料中的灰分与物料中低熔点物质黏结成砣，并黏附于窑壁，产生粘窑事故。这就使气流与物料运动都受到影响，窑内原本正常的热工制度遭到破坏。为克服上述现象，应增加周边流

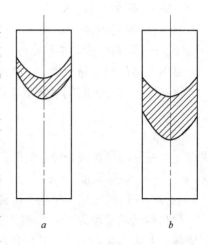

图 2-14 窑内"碗状"煅烧带

体阻力，均衡窑断面通风，因而必须合理布料，减少周边燃料量等。粘窑事故一旦发生，应及时处理，严重时应停窑处理。

（4）竖窑的通风方式。竖窑可采用三种不同的通风方式，第一为压入通风，即用风机从窑底鼓入空气，窑内为正压；第二从窑顶抽风（排烟），窑内为负压；第三为均衡通风，即既从窑底鼓入，又从窑顶抽出，窑内下部为正压，上部为负压，其间有一零压位。一般而言，机械化竖窑多采用第一种方式，而自然通风竖窑多采用第二种方式。竖窑不同通风方式所形成的各种压力制度及应用范围见表2-3。

表 2-3 竖窑各种压力制度特点及应用

项目	正压制度	负压制度	正、负压结合制度
实施措施	利用风机向窑底送风的压力来克服窑内气体运动的全部阻力	借排烟机的抽力克服窑内气体运动的全部阻力	同时采用鼓风机和排烟机分别克服不同高度料柱的通风阻力
优点	（1）单位产量所需风机风压及风量小，电耗量最少； （2）窑顶空间压力小，布料装置无须严格密封； （3）窑顶废气可由窑顶烟囱的自然抽力排出，无须排烟机； （4）窑产量大时，所需风压及风量亦大，容易选择风机	（1）窑底部为负压，可采用敞开式简单结构； （2）便于实现连续出料，出料时无需停止窑的通风（排烟），有利于提高产量	（1）窑顶负压小于负压制度竖窑，有利于选择排烟机； （2）窑下鼓风可采用大风量（设置过剩热风排出口），以强化物料冷却； （3）可以克服较大的竖窑通风阻力

项目	正压制度	负压制度	正、负压结合制度
缺点	窑底正压高，要求严格密封；密封结构复杂；且难免不漏气	（1）窑顶负压大，布料装置要求严格密封，结构较复杂； （2）要求排烟机的风压最高，风量最大，单位产量电耗率最高； （3）大容积竖窑难以选择合适风压的排烟机	（1）鼓风、排烟两套系统，投资高； （2）窑内同时存在正压与负压制度，调节零压区，增加操作的复杂性； （3）窑底、窑顶均需密封，密封结构较复杂
应用	各种类型混料式固体燃料竖窑、中小型煤气竖窑和天然气竖窑	可用于容积不大的重油竖窑	适用于各种重油及煤气竖窑

2.2.3 窑内燃料燃烧

竖窑的燃料可为气体、液体与固体，其中以固体燃料历史较久。

（1）固体燃料在竖窑内的燃烧，它有混料式、外设燃烧室和燃料与生料混合成球入窑三种方式。

1）混料式燃料燃烧。它是借助固体燃料在料层中直接燃烧放出的热量来加热物料的，其加料方式分为混合加料法与交替加料法。前者将燃料与原料按比例均匀混合后加入窑内，后者将燃料与原料按比例分层交替加入窑内。

混料式竖窑对燃料质量要求比较严格，主要是灰分应尽量低，否则，过多的灰分夹杂于熟料中，不仅质量下降，还会使物料结砣，窑衬腐蚀。对高纯原料，即使煅烧温度较低，也不得用固体燃料，如煅烧活性石灰等。

竖窑预热带一般处于缺氧状态，燃料中的挥发分不能充分燃烧就被排出窑外，故混料式竖窑应以焦炭和无烟煤为燃料。

固体燃料在竖窑中仍经历干燥、预热、燃烧、燃尽几个阶段，但燃烧主要在煅烧带中进行，在此带下部空气过剩系数较大，而在上部则接近于 1 或小于 1。

燃料的块度会直接影响燃烧速度和煅烧带高度。若块度过小，燃烧速度快，则高温带过于集中，物料在该处停留时间过短，烧结过程来不及完成，尤其是较大块的物料更不能反应完全，灰分易集中，故影响煅烧质量。反之，若燃料块度过大，则燃烧速度慢，煅烧带拉长，火力不集中，降低煅烧带温度，冷却带缩短，同样影响熟料产量、质量。生产中常用焦炭的块度为 25 ~ 40mm，无烟煤因其比表面积比焦炭小，故应更小些。

2）外设燃烧室竖窑的燃料燃烧。燃料在竖窑外设燃烧室燃烧后，产生的热烟气通过窑壁火孔进入窑内，如图2-15所示。它可使用挥发分高的燃料，燃料灰分对物料的污染较混料式要轻，它使用的燃料较为广泛，甚至可用劣质煤。由于燃烧室设在窑外，燃耗较混料式要高。此外，此种燃烧室燃烧的火焰压力小，窑中心部位易出现生烧料。为此，这种竖窑一般为矩形截面，可根据烟气所能透过的深度来确定断面宽度，以保证沿断面均匀煅烧。

3）水泥竖窑的燃料燃烧。水泥工业用竖窑的燃料是先与生料预先混合成球后入窑的。这也属混料法，但由于使用燃料细度及混合过程不同，其煅烧方法又分为"黑料块法"与"白料块法"。前者是将燃料与生料共同细磨，再成球入窑；后者是用较粗的燃料（约3～5mm）与已磨好的生料相混合成球入窑，燃料分布在生料球中。

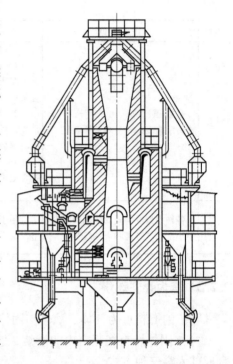

图2-15 100m³外设燃烧室燃煤矩形竖窑

黑料块法燃烧速度快，所形成的高温带较白料块要短，窑内不易结砣；但在预热带，料球表面煤粉中的挥发分易逸出，固定炭与二氧化碳作用生成一氧化碳随烟气一道排出，故其热耗较高。

（2）气体燃料在窑内的燃烧。当竖窑用高炉—焦炉混合煤气时，由于其热值较低，煅烧温度仅达1200～1300℃，只能用于煅烧石灰石、黏土熟料等。只有天然气等高热值气体燃料，方可用于煅烧镁石等高温竖窑。

煤气竖窑一般在煅烧带设置数对烧嘴，助燃空气来自冷却带。为保证窑中心的物料煅烧好，煤气压力应足够高，但其压力毕竟有限，故窑的直径一般在2m以内，或采用矩形竖窑。

（3）竖窑内液体燃料的燃烧。竖窑用重油为燃料，可采用套管式烧嘴，用压缩空气或蒸汽进行雾化，将数对烧嘴均布于煅烧带。重油压力一般为200～300kPa，压缩空气压力略高于油压，这对直径为2m的竖窑，可保证物料均匀煅烧。可将冷却带多余空气抽出，预热后作一次空气进入煅烧带，可显著提高煅烧温度，这对超高温竖窑非常重要。

重油竖窑燃烧室应保证重油良好雾化和正常燃烧，其材质应能承受高温、荷重和耐冲刷、磨损等。一般用高纯镁铝砖等砌筑。

气体与液体燃料灰分很低，优质燃料对纯度要求很高的原料，应选用这两种燃料煅烧，以确保产品质量。

2.2.4 窑内热交换

竖窑中的热交换情况相当复杂，各带情况也不相同。在预热与冷却带，气体与物料间，以对流换热为主；在煅烧带除对流换热外，还有高温燃烧产物对物料与炉衬的辐射换热，物料之间以及物料与炉衬之间的相互辐射换热等；同一块物料在各带均有由表及里（在冷却带由里向外）的导热等。概括起来，有如下三个特点：

第一，料层中物料块的表面温度不仅取决于气体与物料表面的热交换（外部热交换），而且还取决于物料块内部的热传导（内部热交换）。

第二，竖窑中外部热交换的形式以气体对物料的对流热交换及固体之间的辐射热交换（在大于 600℃ 的部位）为主。由于气层薄，烟气中三原子气体浓度（或分压）也不高，故烟气本身的辐射能力较弱。物料间的导热也很小，可忽略。

第三，物料内部热交换取决于料块尺寸、形状及传热系数等。根据实验计算，各带综合传热系数 K 大致如下：

预热带 $K = 57 \text{W}/(\text{m}^2 \cdot ℃)$；

煅烧带 $K = 140 \text{W}/(\text{m}^2 \cdot ℃)$；

冷却带 $K = 87 \sim 128 \text{W}/(\text{m}^2 \cdot ℃)$。

由此可知，竖窑中热交换效果好，热耗较低，热效率高，单位容积产量高。

至于各带传热系数的计算公式，不少学者进行过研究，但依据的条件各不相同，结果亦不同，不再一一介绍，可参考有关资料。

2.3 热工计算

竖窑的热工计算方法与步骤与其他窑炉相似，首先依据原料、燃烧情况及熟料的质量、产量要求、投资情况等确定窑的类型及结构，计算窑的有效容积及主要尺寸，确定燃料消耗量及全窑流体阻力等，根据风量、风压要求选用合适的风机，设计烟囱及有关附属设备等。

2.3.1 确定窑容积及主要尺寸

窑的产量确定后，可依下式计算窑容积

$$V_k = \frac{G}{EN} k_v \qquad (2-6)$$

式中 V_k——窑容积，m^3；

G——窑的产量（按合格料计），t/d；

E——窑的利用系数（按合格料计），t/(m³·d)；

N——拟定的窑数，座；

K_v——备用系数，一般 $K_v = 1.10 \sim 1.15$。

E 为单位有效容积计算的日产量。其表示方法有二：即分别按合格料和出窑料计算。一般而言，计算合格料或进行产量比较时用前者；而计算窑的通风量、燃耗等用后者更便捷。E 的影响因素较多，如原料烧结的难易程度、入窑块度、杂质含量、燃料的质量及块度、通风压力与流量、窑体结构、装出窑制度等。各类竖窑的利用系数可参考有关资料。

窑的内径 D 可根据已确定的高径比 K_L 及窑容积按下式计算之。

$$D = \sqrt[3]{\frac{V_K}{0.785K_L}} \qquad (2\text{-}7)$$

竖窑的高度　　　　　　　　$H = K_L D$

对于水泥竖窑，其直径与高度的计算方法分别为：

$$D_i = \sqrt{\frac{m \times 1000}{0.785 m_A}} \qquad (2\text{-}8)$$

$$H = K_L D_i \qquad (2\text{-}9)$$

式中　D_i——竖窑煅烧带有效直径，m；

　　　m——要求竖窑的生产能力，kg/h；

　　　m_A——竖窑单位面积产量，kg/(m²·h)；

机械化竖窑，$m_A = 1500 \sim 2100 \text{kg}/(\text{m}^2 \cdot \text{h})$；

普通竖窑，$m_A = 600 \sim 1000 \text{kg}/(\text{m}^2 \cdot \text{h})$。

2.3.2　燃料消耗量的确定

竖窑的燃料消耗量多以单位质量的出料量（或合格料质量）所消耗的标准燃料量的百分数表示，称为"单位标准燃料消耗"。按出窑料与按合格料计的单位标准燃耗换算如下：

$$B = B_0 J \qquad (2\text{-}10)$$

式中　B——按合格料计的单位标准燃耗，%；

　　　B_0——按出窑料计的单位标准燃耗，%；

　　　J——出窑料综合合格率，%。

竖窑的燃耗也可用焦比表示。焦比常用于耐火原料竖窑中，其定义为每吨生料所消耗的燃料量（以吨计），常用百分数表示。

影响单位标准燃耗的因素很多，而原料的烧结性能影响较大，难于烧结、煅烧温度高、煅烧时间长的物料无疑燃耗高。当然，提高窑的利用系数，加强窑体保温，尽可能做到余热利用，改进操作方法等也会降低其燃耗。

烧结不同原料的单位标准燃耗指标可从有关设计手册中查出。这样便可按下式算出小时标准燃耗量：

$$q_0 = G_0 B_0 = GB \qquad (2-11)$$

式中　q_0——小时标准燃耗，kg/h；

G_0，G——分别为按出窑料和按合格料计的产量，kg/h。

2.3.3　计算风量与风压

以焦炭和无烟煤为燃料的竖窑，其通风量一般按窑内燃料燃烧所需空气量计算，也可按单位燃料实际通风量计算其总量。

可按下式计算燃料燃烧标态通风量：

$$q_v = G_0 B_0 \frac{29300}{Q_{\text{net,ar}} K_\tau} L_0 \alpha l \qquad (2-12)$$

式中　q_v——竖窑标态通风量（标态），m^3/h；

G_0——竖窑产量（按出料量计），kg/h；

B_0——单位标准燃耗，%；

$Q_{\text{net,ar}}$——燃料应用基低位热值，kJ/kg；

L_0——每千克燃料燃烧所需空气量（标态），m^3/kg；

α——空气过剩系数（焦炭、无烟煤可取 1.10）；

K_τ——通风时间系数，对停风出料竖窑，$K_\tau = \dfrac{\tau}{60}$；

τ——1h 内实际通风时间，min；

l——管道及闸门漏风系数，根据通风压力和系统的密封条件确定，参考数值如下：

风　压	>10000Pa	<10000Pa
良好密封	1.10 ~ 1.15	1.05 ~ 1.10
欠佳密封	1.15 ~ 1.20	1.10 ~ 1.15

要确定竖窑所需通风压力，理论上必须按气体通过散料层进行阻力计算，但计算复杂，设计时可采用实测数据按下式计算：

$$\Delta p = \left(\frac{u_2}{u_1}\right)^2 \left(\frac{d_1}{d_2}\right) \left(\frac{k_1}{k_2}\right) \Delta p_0 \varphi \qquad (2-13)$$

式中　Δp——单位料柱压力损失，Pa/m；

　　u_1，u_2——分别为测定和设计的窑内气体标态流速，（以空窑计），m/s；

　　d_1，d_2——分别为测定与设计的原料平均块度，mm；

　　k_1，k_2——分别为测定与设计的通风时间系数；

　　　Δp_0——单位料柱平均压力损失，Pa/m；

$$\Delta p_0 = \frac{p_1 - p_2}{H} \tag{2-14}$$

　　p_1，p_2——分别为窑内不同高度上两点的压力，Pa；

　　　H——两个压力（p_1，p_2）测量点之间有效通风料柱高度，m；

　　　φ——系数。根据测定与设计的原料及燃料的平均块度、碎末含量、物料在窑内块度变化及结砣情况等综合考虑。

有关竖窑平均单位压力损失等相关数据见表 2-4。

表 2-4　有关竖窑单位压力损失等相关数据

竖窑类型	利用系数 /t·(m³·d)⁻¹	焦比 /%	原料块度 /mm	风压/Pa		料柱高度 /m	单位料柱压力损失 /Pa·m⁻¹
				底风压，p_1	顶风压，p_2		
焦炭白云石竖窑	1.5	18 ~ 19	20 ~ 70	11500	约 0	约 13	885
焦炭镁石竖窑	1.55	20 ~ 22	25 ~ 100	16000 ~ 18000	约 0	约 12	1330 ~ 1500
无烟煤石灰竖窑	1.02	7.2	70 ~ 150	5000 ~ 5400	500	20	225 ~ 245

2.4　高温竖窑

生产实践表明，高纯镁石、白云石等原料用一步煅烧法很难烧结，故通常采用二步煅烧法，即先将这些原料在其分解温度下进行轻烧，使原料充分分解，然后将轻烧粉用高压成球机成球，送入高温窑炉内进行二步煅烧，即可获得高纯度、高密度的熟料。为适应二步煅烧技术的发展，建造了高温高效竖窑。这种竖窑的容积一般都不大，生产窑容积为 15 ~ 30m³，试验窑小于 4m³。其特点是不加纯氧，最高煅烧温度可达 2000℃左右，技术经济指标先进，热耗低，窑的利用系数高达 6 ~ 10t/(m³·d)。煅烧的熟料理化指标好，质量均匀，因而是较理想的高温煅烧设备。

煅烧镁石高温竖窑如图 2-16 所示，其主要技术经济指标及镁砂性能见表 2-5。

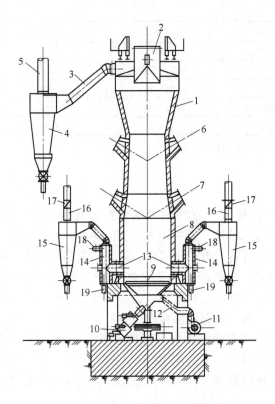

图 2-16 煅烧镁石的高温竖窑

1—窑体；2—窑顶；3—废气管道；4—旋风分离器；5—净化气体排出管；
6，7—上下煅烧带；8—窑身下部；9—炉箅；10—出料闸阀；11—鼓风机；
12—进风管；13—排风管；14—沉降室；15—旋风分离器；
16—排风管；17—节流阀；18—管道；19—卸尘管

表 2-5 高温竖窑主要技术经济指标及镁砂性能

指标与性能	奥地利 RCE 竖窑	美国尼柯竖窑	中国 HM 矿竖窑
窑内径/m	1.5	长轴2.74 短轴1.07	0.7
有效高度/m	8.5	7.62 ~ 10	9.0
窑容积/m³	15	18 ~ 28	3.5
窑断面形状	圆	椭 圆	圆
最高煅烧温度/℃	2000	>1900	1900 ~ 2000
利用系数/t·(m³·d)⁻¹	10	6 ~ 10	5 ~ 8
成品热耗/kJ·kg⁻¹	2678	1442 ~ 2266	3159
出料温度/℃	< 100		50 ~ 60

指标与性能		奥地利 RCE 竖窑	美国尼柯竖窑	中国 HM 矿竖窑
窑顶废气温度/℃		800		< 500
燃　料		重油、天然气	重油、天然气	裂化油
加出料方式		连　续	连　续	连　续
镁砂性能	$w(MgO)/\%$	96.2～97.8	94～98	> 98
	颗粒体积密度/g·cm^{-3}	>3.30	>3.30	>3.30

注：窑的有效高度为窑顶至出料机距离。

2.4.1　结构特点

高温竖窑窑体形状可为直筒形或哑铃形，其特点为：容积小，高径比大（$H/D > 10$），采用高压鼓风，鼓风压力达 50～70kPa。连续装、出料，以保证物料经常松动，使料柱保持良好的透气性。为了实现自动操作，保证窑内热工制度与压力制度相对稳定，一般都采用双 γ 射线料位控制仪进行控制，并将其与电磁振动出料机联锁，根据料位高度变化，自动开停电磁振动给料机，使封管中料柱高度不低于某一定值。高温竖窑对内衬材料要求很高，尤其是工作层内衬材料及其高温性能、化学稳定性都要好，对物料不能造成污染，相互间不起化学反应。煅烧镁石的高温竖窑一般选用 MgO 为 98%～99% 高纯度高密度直接结合镁砖。隔热层也需选择镁质捣打料等耐高温又具有隔热性能的材料。

2.4.2　燃料及燃烧方式

为了获得高温，采用高热值的重油、天然气等燃料。在窑体的煅烧带设置 2～3 排烧嘴。高温竖窑不设燃烧室，增加烧嘴数量，将烧嘴直接插到物料中，使燃料直接在物料中进行燃烧，如图 2-17 所示。这种燃烧方式强化传热，提高燃

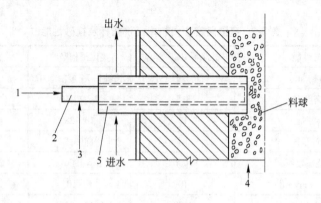

图 2-17　烧嘴结构
1—油；2—烧嘴；3——次空气；4—二次空气；5—水套

烧效率，因此供热强度大，从而成功地解决了高温煅烧问题。有关竖窑实际达到的供热强度对比见表2-6。

表 2-6 不同竖窑实际供热强度对比

竖窑类型	按竖窑煅烧带截面计算的供热强度/$W \cdot m^{-2}$	按竖窑两排烧嘴之间的容积计算的供热强度/$W \cdot m^{-3}$
DM矿 50m³ 圆形重油竖窑	93×10^4	58×10^4
HM矿 65m³ 方形重油竖窑	100×10^4	52×10^4
国外高温竖窑	$\geqslant 116 \times 10^4$	175×10^4
HM矿 3.5m³ 高温重油竖窑	119×10^4	177×10^4

为了保证每只烧嘴油压稳定，且互不干扰，采用一嘴一泵的供油方式，以便灵活调节每个烧嘴的供油量。为保证烧嘴正常工作，采用密闭水循环系统。

2.4.3 严格控制空气过剩系数

为了保证高温煅烧熟料迅速冷却，在冷却带鼓入了较多冷空气。要使燃烧过程在空气过剩系数接近于 1 的条件下进行，必须抽出多余热空气，因此在高温竖窑冷却带上端设有热风抽出装置，抽出多余热风可以回收作为一次空气。窑内余下空气作为二次空气进一步加热至更高温度（可高达1500℃）进入煅烧带，与燃料混合、燃烧，燃烧温度可达2000℃以上。

2.4.4 严格操作制度

高温竖窑操作要求极为严格，不同煅烧品种，要对其温度、供油量、风温、风压、风量、一、二次风比例、重油雾化介质的压力及流量、加出料量、出料温度等参数，根据不同情况及时相应调整，使其各种制度相对稳定，确保煅烧质量。

高温竖窑要求原料的纯度高，料球尺寸小且均匀单一，其块度比近似等于1，这样可增加外部传热效率，减小物料内部传热阻力，因而使物料在窑内停留时间大为缩短，窑的生产能力相应提高。在原料条件合格情况下，防止粉料入窑，避免在高温煅烧带发生物料粘窑和结圈事故，保证物料由上至下的运动。

2.4.5 良好的轻烧工艺条件

生产实践与科学实验表明，用高温竖窑煅烧高纯原料，其轻烧工艺条件、轻烧温度、轻烧粉性能、细磨工艺及成球机压力等对二步煅烧的质量均有重要的影响。

轻烧设备的选择关系到轻烧粉的质量、残余 CO_2 含量、轻烧温度的均匀性等，目前，常用的轻烧设备为多层炉、沸腾炉和悬浮轻烧炉等。轻烧温度以矿石的分解温度高低来决定，其基本要求是，矿石要分解得完全、迅速、均匀，且轻烧物中的矿物晶粒不能长大。因此，轻烧物料分解得愈完全，在其二步烧结时，就不必再消耗大量的分解热，只需完成轻烧物料本身的烧结。这也是二步煅烧竖窑利用系数高、燃耗低的重要原因之一。

轻烧物料在其成球之前进行细磨处理，即可破坏原矿的母盐假象，又可使物料表面积大大增加，促进其烧结过程在竖窑内更快完成。

轻烧物料成型设备及压力的大小对物料的二步煅烧影响也很大，成型压力愈大，相邻颗粒间平均距离愈小，接触面愈大，愈有利于烧结。

2.5 并流蓄热式竖窑

目前，我国冶金石灰的生产远远满足不了炼钢工艺的要求，且很大一部分冶金石灰都是由传统式直筒竖窑生产的。而这种竖窑多采用焦炭或无烟煤等固体燃料，不但石灰的生烧或过烧率高，而且燃料灰分的污染也很严重。由于生烧或过烧比例大，导致石灰的活性度低（一般不超过 250mL），以此作为转炉炼钢用的造渣剂，不仅影响钢的质量，同时也提高了炼钢成本。而活性石灰具有体积密度小、气孔率高、比表面积大、方钙石晶粒细小、反应性强、杂质低、粒度均匀等特点，同时还具有一定的强度，以此作转炉炼钢用造渣剂可以明显缩短冶炼周期，提高生产力，且可减少转炉的渣量，提高脱硫、脱磷效果等，因而经济效益明显。目前，煅烧炼钢用活性石灰的窑炉种类虽较多，但主要为回转窑、并流蓄热式竖窑、套筒式竖窑以及双梁石灰竖窑等。而前两种窑型在我国目前使用效果较好。回转窑将在下章讨论，此处仅介绍并流蓄热式双膛石灰竖窑。

2.5.1 并流蓄热式竖窑的发展

并流蓄热式竖窑的操作原理是由奥地利的 Alois Schmid 与 Herman Hofer 提出来的，故亦作为斯米特-霍弗尔（Schmid-Hofer）窑。这种窑有双膛和三膛竖窑两种结构形式。

世界上第一座并流蓄热式竖窑于 19 世纪 50 年代在奥地利建成。由于煅烧出的石灰质量好，位于瑞士苏黎世的 Maerz 窑炉公司于 1966 年获得了设计和建造该窑的许可证。在奥地利境外的第一座并流蓄热式竖窑建于 1966 年。通过不断地技术改造，采用该窑煅烧活性石灰的技术在许多工业发达国家和发展中国家得到了广泛应用。目前已建成投产的达数百座。我国包括台湾省在内已建有并流蓄热式竖窑十多座。并流蓄热式石灰竖窑的结构示意图见图 2-18。

2.5.2 并流蓄热式竖窑的优点

采用并流蓄热式竖窑煅烧出的石灰质量好，活性度高。按以 4NHCL、10min 滴定值计，可达到 350 ~ 400mL，残余 CO_2 含量一般不超过 2%，硫含量亦低（当然亦与石灰石的质量有关，一般要求用优质石灰石），完全可以满足炼钢的要求。

采用并流蓄热式竖窑煅烧石灰，节能效果显著。由于这种窑采用蓄热式换热系统，余热得到较充分的利用，单位产品热耗量为 3558.8 ~ 3768.1kJ/kg 石灰，是所有石灰煅烧窑中热耗最低的。其生产率比国内以焦炭为燃料的竖窑约高 30% ~ 40%。

并流蓄热式竖窑的建设投资费用比回转窑少，需占用的建设场地也小，因此，在我国建这种窑比较符合国情。

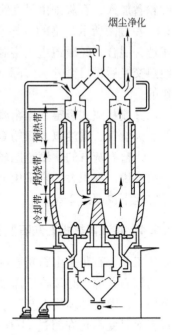

图 2-18 并流蓄热式石灰竖窑

2.5.3 并流蓄热式竖窑的操作原理与结构

并流蓄热式竖窑设有两个或三个窑膛，窑膛分圆形和方形两种。在窑膛煅烧带的下部设有彼此连通的通道。燃料经设在预热带、并埋在石灰石中的喷枪向煅烧带供热。燃烧用的空气采用鼓风机从窑的顶部送入窑内，压力最大可达 49kPa，空气与燃料混合后在喷枪的喷口处燃烧。石灰石在其中一个窑膛内以并流方式（即燃烧产物的流向与石灰石流料的移动为同一方向）加热煅烧，所产生的烟气（最高温度可达 1150℃）经通道沿另一窑膛的预热带流向窑顶作为废气排出。烟气通过预热带的料柱时，将大部分热量传递给石灰石，使之加热到分解温度，石灰石料本身形成了"蓄热室"。当一个窑膛煅烧石灰石时，燃烧所需空气则从该窑膛窑顶料层通入，通过"蓄热室"进行充分的热交换，其操作原理如图 2-19 所示。

根据操作条件，窑每隔 12 ~ 15min 换向操作一次。石灰石经过称量料斗，由振动给料机向每个窑

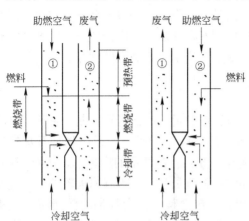

图 2-19 并流蓄热式竖窑操作原理

膛轮番加入，石灰则由设在窑底的出料盘连续出料，出料盘采用液压传动。如图2-19左侧图所示，窑的冷却空气上升至煅烧带的下端部与来自窑膛①的热烟气相遇并混合，经通道进入窑膛②，与窑膛②预热带的石灰石以逆流方式相接触，经热交换后排出窑外。实际上窑的预热带、煅烧带是以并流与逆流的方式交替操作的。

并流蓄热式竖窑根据窑膛断面的大小一般配置12～20根喷枪，可以采用煤气、天然气、重油以及煤粉等为燃料。

入窑石灰石的块度范围较大。根据不同情况，20～180mm 的原料均可使用。一般来说，容积大的窑采用的石灰石块度也较大。在同一窑膛中，矿石的块度直径之比不得超过2.5∶1。

2.5.4　并流蓄热式石灰石竖窑的热工特性

工业上石灰是由石灰石在900℃以上温度下分解制得的。为了使煅烧时石灰石的核心分解，必须将所需的分解热由石灰石表面穿透煅烧过的石灰石外层传至核心，因此必须将石灰石表面部位加热到900℃以上。生产活性石灰时，石灰石表面温度不允许超过1100～1150℃，否则容易产生过烧，致使该部位石灰的活性度下降。

在实际操作中，供给石灰石的块度是有波动范围的，当块度较小的石灰石经短时间的煅烧后，其允许吸热率就立即降至最小值。这意味着，在这种情况下完成窑内较大块石灰石的煅烧过程中，在煅烧的最后阶段需要的热量也要低些。这种较为理想的加热制度，在一般逆流加热方式的竖窑中，由于窑内石灰石允许的煅烧温度与热烟气之间的温度梯度大，故导致竖窑内石灰的过烧。而并流蓄热式竖窑加热系统则能适应煅烧开始时的大温差和煅烧结束时最小的温差要求。因为在并流蓄热式竖窑中，高温火焰先遇到的是石灰石，故一般不会发生过烧，而石灰石最后阶段的煅烧由烟气来完成，这些烟气在此之前已经传递出了大部分的有效热量。因此高的热效率及生产活性石灰是并流蓄热式竖窑的优点。

2.5.5　并流蓄热式竖窑的自动化控制

并流蓄热式竖窑的程序控制采用可编程序逻辑控制器进行控制，它负责自动变换石灰石装窑、加热与石灰出窑等各个阶段程序的操作。根据竖窑石灰的产量，须定期变换燃料和燃烧空气量及废气的方向。在额定的产量下，每隔12min左右换向一次，产量较低时，换向间隔时间相对长些。由带减速齿轮的变速直流电动机带动的程序选择器负责变换过程，它包含整个换向周期内的所有开关程序。直流电动机的转速与程序选择器的回转时间成正比，亦可根据所要求的窑产量进行手动调整，并由转速计控制，以保持速度稳定不变。每个窑膛中的石灰石料位由料位指示器定时（每隔30s）检测，通过旋转与料位指示器相连的链轮来传递给电位计，将该电位计的输出值输入到调节器，调节器同时收到与程序选择器相连的一个电位计给予的额定值。若实际值落在额定值的后面，调节器就会使送往出料装置的液压油增流，促使出料装置的运动速度加快，窑膛内石灰石料位下降也加速，直到实际值达到比额定值低的某一定值为止，接着再切断补加的油量。近期投产的并流蓄热式双膛竖窑的控制已达到全面自动化。

2.5.6 并流蓄热式石灰竖窑衬用耐火材料

双膛石灰竖窑的预热带和冷却带大部分采用黏土砖砌筑，煅烧带采用镁铬砖或镁砖砌筑，预热带及冷却带的一部分采用镁质耐火材料砌筑。在镁质窑衬的特殊部位采用少量镁质捣打料砌筑，其质量与镁砖的质量相当。窑的隔热层采用轻质黏土砖。

在采用优质耐火材料砌筑的情况下，窑的窑衬寿命可达 4～6 年，在正常情况下可达到 12 年才需全部更换窑衬。砌衬用耐火材料性能见表2-7。

表 2-7 双膛石灰竖窑窑衬用耐火材料的性能

项 目		煅烧带镁砖	普通镁砖	致密黏土砖	轻质黏土砖
化学组成/%	$w(MgO)$	76～96	73～86		
	$w(Cr_2O_3)$	0～11	0～7		
	$w(Al_2O_3)$			36～40	39
	$w(SiO_2)$				56
耐压强度/MPa		39	29～78	44	4.4
体积密度/g·cm^{-3}		2.85～3.2	2.9～3.1	2.2	0.9
气孔率/%		−20	15～20	16	64
荷重软化温度/℃		开始温度 1600	$T_a = 1600$ $T_b = 1650$	$T_a = 1400$	
使用温度/℃					1300

3 回 转 窑

回转窑属于旋转式窑炉。它最先用于水泥熟料煅烧，现已被广泛应用于水泥、耐火原料和冶金工业等。它一般由进料端的集尘室、转动很慢的窑体、出料端的窑头小车、热烟室和冷却机等组成。煅烧黏土熟料用的回转窑系统，如图3-1 所示。

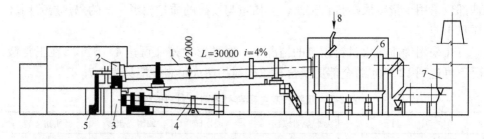

图 3-1　φ2m×30m 回转窑系统

1—窑体；2—窑头小车；3—热烟室；4—冷却筒；5—窑头通风机；
6—集尘室；7—烟囱；8—进料口

回转窑窑体与水平面成3°~5°交角，由电动机通过减速器带动大齿轮旋转。燃料与一次空气由伸进窑头小车的烧嘴进入窑内，二次空气经冷却机中的物料预热后经热烟室入窑，燃烧产物流经窑体、集尘室、除尘器，由排烟机送入烟囱排出。被煅烧的原料经窑尾加料管入窑，靠倾斜窑体的转动，使之向前运动，并与从窑头迎面而来的燃烧产物相遇历经干燥、预热、煅烧等过程，再从窑头落入冷却机，冷却机筒体也是倾斜旋转运动的，故物料与气流呈逆向运动。

回转窑一般可分为干燥带、预热带、煅烧带和冷却带，但带炉算加热器或竖式预热器的回转窑无干燥带。对于煅烧水泥熟料，因其要经历水分蒸发、黏土原料脱水、碳酸盐分解、固相反应、煅烧和冷却六个过程，故段带划分较复杂，有些过程在窑外进行，只有湿法生产的长窑在窑体内完成上述过程。回转窑内各带划分情况如图3-2 所示。

回转窑的分类方法很多。按窑体特征可分为直筒式、一端扩大型和两端扩大型等；按生产工艺可分为干法、湿法（多为水泥窑）和半干法回转窑；按煅烧原料种类可分为黏土、矾土、石灰石、白云石、镁石、水泥回转窑等。我国部分回转窑规格见表3-1。

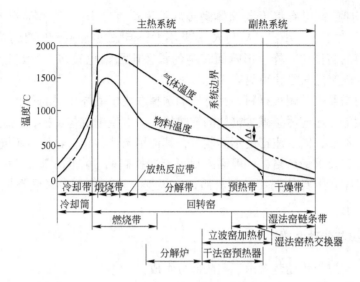

图 3-2 回转窑内各带划分情况

表 3-1 部分回转窑规格

规格/m	长径比	斜率/%	转速/r·min⁻¹	内容积/m³	内表面积/m²	煅烧带内截面积/m²	设计能力/t·h⁻¹	热交换装置 形式	热交换装置 规格	热交换装置 传热面积/m²	冷却机 形式	冷却机 规格/m
φ2×30	15	4	0.269~1.34	53	140	1.77	4~4.5（黏土）				单筒	φ1.4×15
φ2.5×50	20	3	最高1.6	162	314	3.24	6（高铝）10（黏土）				单筒	φ1.8×23
φ3/3.6×60	19.2	3.5	0.7~1.35	338	500	7.75	9（镁砂）9~12.5（高铝）	加热机 竖式预热器	3.2×18	多筒式	单筒	φ2.5×35
φ3.5×145	41.4	3.5	0.46~1.36	1100	1472	7.6	25（水泥熟料）	链条带	长26m	1168	多筒	11-φ1.1×5

3.1 回转窑结构

3.1.1 筒体

　　窑筒体是一个长圆筒，用厚为 20~40mm 的钢板焊接而成。由于筒体较重，故每隔一定距离装有加固圈，以免筒体变形。在大型窑内，为防止内衬耐火砖轴向窜动，在窑内每隔一定距离设一道卡砖圈。为使窑体适应各带不同的需要，可变化各带筒体直径，或改变其长度与直径的比例关系，即改变长径比。

　　窑的长径比是指筒体的有效长度 L 与筒体内径 D 之比，即 $K_L = L/D$（变径窑取其平均值);也有将 L 与筒体砌砖后的平均直径 D_m 之比称为有效长径比,$K_m = L/D_m$。对于中、小窑,K_L 与 K_m 相差不大,但 K_m 更反映大型窑的热工特点。

与竖窑的高径比一样,影响回转窑的长径比因素也较多,视其具体情况而定。部分回转窑的长径比可见表 3-1。

筒体内需要砌筑耐火材料,其材质的选择取决于煅烧物料的种类、性质、最高煅烧温度等,还应尽量减少窑体的散热损失,方便砌筑与更换,提高窑衬的使用寿命等。显然,同一座窑的不同段带,其使用条件各异,材质也不同。煅烧带条件最严酷,要求最严格,一般倾向尽可能选择高档一点的材料,以延长寿命。至于某回转窑各带具体选用何种材质,应根据上述原则,参考同类回转窑的实践,慎重选取。

3.1.2 支撑与传动装置

回转窑支撑与传动装置由下列四部分组成:

(1) 滚圈。在窑的筒体上安装滚圈。窑体通过滚圈在窑基的托轮上转动。托轮安装在钢筋混凝土基础上,图 3-3 为一活套滚圈安装示意图。其优点是,当

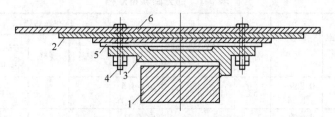

图 3-3 活套滚圈安装示意图
1—滚圈;2—垫板;3—座板;4—螺栓;5—垫板;6—窑体

滚圈在托轮上滚动时,能在一定程度上自行调位,从而保证滚圈和托轮母线沿长度方向密切接触,同时通过滚圈与座板间的间隙缓冲温差所造成的热应力。

(2) 托轮。托轮为窑体的支撑装置,此外,还在径向和轴向对筒体起定位作用。目前,多将托轮轴承直接置于基础上的刚性支承。图 3-4 为托轮安装示意图,其数量随窑的长度不同而异,但与滚圈的位置相应,一般 2 ~ 4 对。托轮中心线须与窑体中心线平行。从窑体横断面看,当筒体中心与两个托轮的中心相互连线的夹角为 60°时较合适。托轮回转较快,会摩擦生热,故应用水冷却。为避免其轴承受窑体辐射热的影响,应在较热部位安装遮热板。

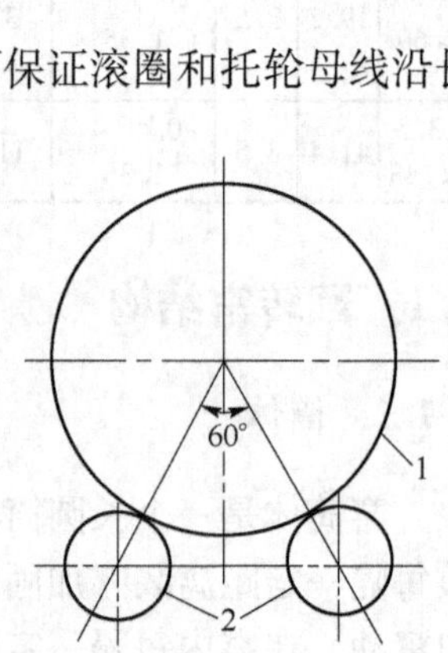

60°

图 3-4 托轮安装示意图
1—筒体;2—托轮

（3）挡轮。回转窑安装的斜度为 3°~5°。正常运动时，窑体自身重力产生的沿轴线方向向下滑动的分力等于滚圈与托轮间产生的摩擦力，窑体处于平衡状态。但若下滑的力大于摩擦力，窑体便会向下窜动。为检验窑体是否有纵向移动，在滚圈两侧附近安装挡轮，其间隙约为 30~40mm。当窑体正常运转时，滚圈位于两挡轮中间位置。当滚圈的任何一侧与挡轮接触而使之转动时，说明窑体向该方向有窜动，故其可起报警作用。此时，可采用相应措施予以调整，使之恢复正常位置。

（4）传动装置。传动装置是窑的重要组成部分。对其基本要求是：能安全可靠地传递足够的功率，在较大范围内实现平稳准确的无级调速，投资小，维护方便等。其结构如图 3-5 所示。窑体借大齿轮带动一起转动，其中心线应与窑体中心线重合。为使窑体受力均匀，大齿轮应安装在窑体中部，它是通过弹簧钢板与窑体相连，弹簧的一端通过螺钉与大齿轮相连，另一端与窑体加固圈铆接在一起。弹簧钢板的作用是缓冲窑体启动时大小齿轮间的冲力。

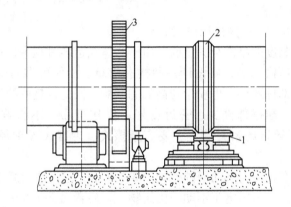

图 3-5 回转窑的传动装置
1—挡轮；2—滚圈；3—大齿轮

3.1.3 窑口及密封装置

3.1.3.1 窑口

（1）窑头小车。窑头可以活动，其下部装有 4 个轮子，可在轨道上来回移动。窑头正面留有安装烧嘴的圆孔，在其两侧有对称的看火孔。窑头下部有一大方孔连接热烟室，以便煅烧好的物料自动落入冷却机。

（2）窑口。窑口结构主要有气冷式、导热管式和骤冷式三种。现代大型回转窑的窑口热负荷非常大，故窑口必须用耐热钢扇形板保护，使筒体钢板免受高温直接辐射。

图 3-6 所示为窑头风冷密封装置。内扇形护板 4 用螺栓牢固地固定在筒体 5 上，在周围借助于定位件焊接一定宽度的钢板圈 6，在钢板圈上安装有由耐热钢螺栓固定的耐热外扇形护板，而安装在窑头小车 7 上的耐热扇形板处在两圈耐热扇形板之间，实现摩擦式密封。空气被送进筒体与钢板之间的环形腔内，冷却窑口。在扇形板间留几毫米间隙，以利维修，并避免热冲击造成窑口变形。虽然会有部分冷空气通过间隙漏入窑内，但不会对窑的热工制度造成大的影响。

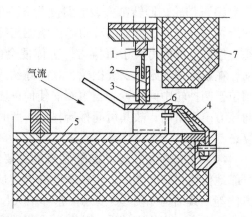

图 3-6 窑头风冷及密封
1—密封圈；2—耐磨扇形板；3—支承环；
4—内扇形护板；5—筒体；6—钢板圈；
7—窑头小车

3.1.3.2 密封装置

回转窑进、出口处的密封对窑的正常运转及热工制度的稳定至关重要。由于窑体在运转过程中，有时会出现上下窜动、弯曲及端部摆动等，要设计一种构造简单、操作可靠的密封装置较为困难。此外，密封部件还要考虑粉尘与高温的影响。因此，良好的密封装置应该结构简单、易安装、摩擦部件少、密封良好、操作可靠、不影响窑内的热工制度等。目前，回转窑的密封装置主要有摩擦式、迷宫式（轴径式）和气封式三种。

迷宫式密封有径向与轴向两种，如图 3-7 所示。密封件由静止密封环 1 和活动密封环 2 组成。前者固定于不动的构筑物上，后者固定于筒体上。这样，气体通过弯曲通道时，阻力较大，从而减少漏风量。这种结构的优点是结构简单、无接触面，因而不磨损。它的密封效果与间隙大小及迷宫数量有关。为使环 1、2 不接触，其间隙一般为 20 ~ 40mm，因而其密封效果不太佳。

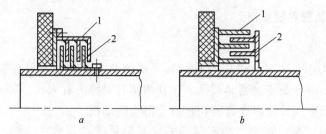

图 3-7 迷宫式密封装置
a—径向式；b—轴向式
1—静止密封环；2—活动密封环

　　摩擦式密封是较早的密封法。近年来以石墨为摩擦件效果较好，如图3-8所示。石墨块8放在可调密封圈13与挡板9之间，在其圆周上一般要安装24～36块石墨，相邻石墨块间由钢楔7定位。固定在弹簧压力调节板10上的张力弹簧11通过活动弹簧支架12，对石墨块产生指向窑体中心的压力，使其始终与外筒3接触，在这之间实现摩擦式密封。弹簧通过其支架对石墨块的压力大小，可通过调节弹簧在调节板10上的固定位置来实现。这种密封方式的优点为石墨块耐高温，与筒体接触紧密，密封效果较好，且构造简单，更换方便等。

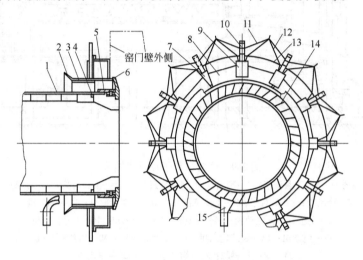

图 3-8　窑头密封装置

1—筒体；2—喇叭口；3—外筒；4—挡砖圈；5—搭接板；6—窑口护板；
7—钢楔；8—石墨块；9—挡板；10—弹簧压力调节板；11—弹簧；
12—弹簧支架；13—可调密封圈；14—S形支撑板；15—冷却风管

3.2　生料预热装置

　　为充分利用窑尾烟气余热，提高回转窑的热效率，一般都在窑尾安装形式不同的生料预热、预分解装置，如炉箅式加热机、悬浮预热器等。

3.2.1　炉箅式加热机

　　回转炉箅子加热机结构如图3-9所示。它由金属外壳罩着的活动炉箅等诸多部件构成。炉箅由上下支承装置支承，由主动轮带动回转。炉箅上部用两道隔墙分为干燥室Ⅲ、预热室Ⅱ及分解室Ⅰ三部分。

　　加热机的主要部件是活动箅床，它由多块生铁铸成的炉箅子组成，其上有箅孔，有效通风面积之和占加热机工作面积的20%～30%。

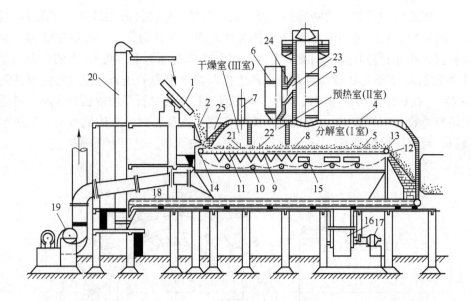

图 3-9　回转炉算子加热机结构

1—成球盘；2—下料溜子；3—辅助烟囱；4—金属外壳；5—活动算床；6—冷风烟囱；
7—冷风管；8—炉算子；9—上支承部分；10—下支承部分；11—调节风斗；
12—刮板；13—主动轮；14—从动轮；15—吸风口；16—1 号排风机；
17—电动机；18—链式输送机；19—2 号排风机；20—生料提升机；
21—第一松料犁；22—第二松料犁；23—斜烟道；
24—调节闸板；25—料层控制板

加热机的工作过程为：在干生料粉中加 12% ～14% 的水，经成球盘制成直径为 5 ～15mm 的料球，由下料溜子均匀分布在活动算床上，由料层控制板控制一定的料层厚度，一般为 150 ～200mm。随着炉算子的移动，料球经各室依次干燥预热和部分分解后，被加热至 850℃ 左右，由刮板刮入窑内进行煅烧。由窑内来的 900 ～1000℃ 的高温气体进入分解室 I 后分为两部分：一部分直接通过料层，与料球进行热交换。由于热交换条件好，气温很快降低，由吸风口经 1 号排烟机排出。另一部分气体由辅助烟囱斜烟道及冷风烟囱进入 II 室，因该室还有湿料球，气温不宜太高，否则料球会因急剧加热而大量炸裂，并增大通风阻力。故必须通过冷风烟囱掺入部分冷空气，使气温降至 600 ～700℃ 后进入 II 室。这部分气体大都经过料层加热物料，另一小部分经 II、III 室之间隔墙上的孔进入 III 室，并由该室上的冷风管调节至 350 ～500℃，通过 II、III 室的气体由 2 号排风机抽出，该废气温度已降至 100 ～150℃。

这种加热机主要以对流传热与热传导方式进行换热。由于气体与料球接触较好，料球间的气流速度高，传热效率较高，熟料单位热耗较低。

该加热机的不足之处在于：对原料的适应性不强。因为生料需预先成球才可入窑，故对原料的可塑性有一定的要求；在加热机内，同截面料层上下及内部温差较大，使生料预热不均，必然影响煅烧的均匀性，使熟料质量下降。此外，该机加热结构复杂，磨损零件多，容易损坏，维修量大，窑的运转效率较低。

3.2.2　悬浮预热器

悬浮预热器是用高速气流使原来以堆积状态的物料悬浮起来，这样，生料粉与热气流充分接触，气、固相接触面大，传热速度快，效率高，使物料预热与碳酸盐分解过程大大加快，提高了窑的产量，降低了热耗。同时，它还具有运动部件少、附属设备不多、维修较方便、占地面积小、投资省等优点。其缺点是：系统流体阻力大、电耗高、建筑物要高大，对原料中碱、氯、硫等含量限制较严，因这些成分过高时，易使预热器产生黏结、堵塞等。

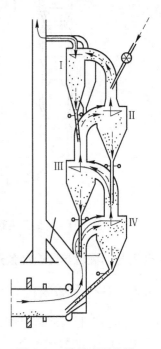

图 3-10　洪堡型预热器原理图

悬浮预热器的种类繁多，分类方法也较多。如可按发明和制造厂商分类，可按旋风筒级数分类（如2～4级甚至较多），可按结构分类，也可按物料与热气流的流动方向分类等。这些预热器工作原理大体相同，但因具体结构不同，故各有其优缺点。下面以多级旋风筒组合的洪堡型悬浮预热器为典型代表简介之，如图 3-10 所示。图中虚线表示物料流向，实线表示热气流方向。物料由输送设备提升至悬浮预热器最上部的连接管，喂入第Ⅱ级旋风筒的排风管内，物料由热气流带入第Ⅰ级旋风筒（双筒，以提高吸尘率），物料与气流分离；热气流经吸尘后排出。被分离出的物料由Ⅰ级旋风筒下料管进入Ⅲ级旋风筒排气管内，被热气流带到Ⅱ级旋风筒，物料再次从热气流中分离出来。如此反复地进行热交换，物料最后由第Ⅳ级旋风筒下料管进入回转窑。物料在各级旋风筒间的连接管内与热气流做同向流动，因而属于同流热交换型悬浮预热器。

这种预热器由于传热速率快、热效率高，生料可在数秒至数十秒内从常温加热到750℃以上。出预热器的废气温度可降至350～400℃，入窑生料，已部分完成碳酸盐分解，从而大大减轻窑的预烧负担。其流体阻力约为4000～8000Pa。

类似的预热器还有立筒预热器（如图 3-11 所示）和多波尔型预热器（如图3-12 所示），前者属以立筒为主组合的逆流热交换器，后者属以旋风筒与立筒混

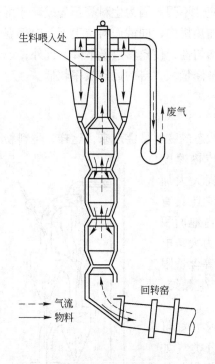

图 3-11 立筒预热器

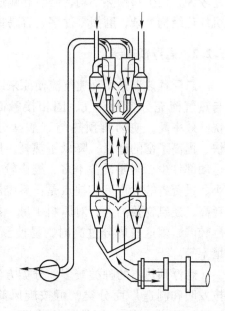

图 3-12 多波尔型预热器

合组合的混流热交换型预热器。

3.3 熟料冷却装置

熟料离开筒体时温度很高，水泥熟料可达 1000~1200℃，耐火原料用熟料为 1000~1300℃或更高。因此，它们必须经过冷却，才能便于运输与储存，况且这些余热若不回收利用，将会浪费能源，增加成本。熟料冷却装置按其结构不同，可分为筒式（分单筒与多筒）与算式两大类。

3.3.1 筒式冷却机

筒式冷却机又分为单筒冷却机和多筒冷却机两种。

（1）单筒冷却机。其结构大致如图 3-13 所示。冷却筒直径一般为 1.2~3.0m，长约 14~20m，长径比约为 10；其转速一般为 2~10r/min；斜度一般为 3%~4%；筒体热端砌厚度为 120~150mm 的耐火材料，其余部分安装有耐热铸铁或其他材料的扬料板。熟料进入冷却机后，随筒体回转而翻动，扬料板把移向卸料端的熟料不断升举到一定高度后下落，以便与冷空气进行热交换，熟料呈螺旋状向下移动。冷空气则靠窑尾排烟机的抽力而吸入冷却筒，冷空气被加热后，

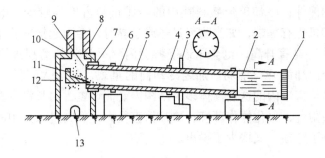

图 3-13 单筒冷却机

1—卸料箅子；2—扬料板；3—大牙轮；4—轮带；5—耐火砖；6—筒体；
7—密封装置；8—窑头；9—热烟室；10—通料口；
11—溜子；12—风道；13—清理积料门

全部入窑作为二次空气供助燃用。单筒冷却机的优点为结构简单、坚固、热交换效率较高，可将空气预热至 $600 \sim 800℃$，熟料冷却电耗低。其缺点是冷却速度慢，冷却效果差；因其只能安装在窑的下部，故建窑的高度提高；入窑二次空气的流量与温度难以调节。冷却后的熟料温度一般为 $150 \sim 250℃$，扬尘较大，且随冷却筒直径的加大，扬尘愈烈。

（2）多筒冷却机。多筒冷却机结构大致如图 3-14 所示。它们是由绕窑的卸料端 $6 \sim 14$ 个冷却筒构成。筒体由 $6 \sim 15mm$ 的钢板制成，在筒内高温端砌有耐热钢带叶衬板或耐火砖。在中部与冷端装有安在角铁上的小链条，末端有卸料嘴。冷却空气进入方式及流向与单筒冷却机相同。由于多筒冷却机将熟料均布于各冷却筒中，冷却筒虽短，也能将物料冷却至 $200 \sim 300℃$；二次空气也是沿窑的周边均匀进入窑内，不会产生涡流，有利于与燃料混合。多筒冷却机结构简

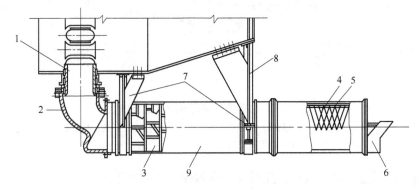

图 3-14 多筒冷却机冷却筒的构造

1—衬套；2—弯头；3—带叶衬板；4—链条；5—角铁链条架；6—卸料嘴；
7—冷却筒固定装置；8—窑头板；9—冷却筒筒体

单，没有运动部件；冷却单位熟料耗用的金属量与占地均较少，电耗较低。当然，多筒冷却机也有弊端，如当物料过热或过黏时，会引起接料管堵塞，使窑头负压（绝对值）显著升高，也会导致接料管内耐火材料的磨损加剧；窑体高温出料端被多个冷却筒开口削弱，加之冷却筒的重载，便大大降低了该处筒体强度；由冷却筒至窑口内的这段筒体多为结构需要而设置，窑长没有充分利用；热量集中于窑头附近，恶化操作环境；冷却筒直径大，熟料进入其中的高度也随之增大，既加剧了磨损，又增大了噪声。

3.3.2　算式冷却机

算式冷却机属于骤冷式冷却设备。冷却风由风机供给，熟料以一定厚度铺在算子上随之运动，冷空气则垂直于熟料运动方向穿过料层，因而熟料冷却效果好，热交换效率较高。这种冷却机可依其运动方式分为推动式（分水平与倾斜）、回转式、振动式三种。水平推动算式冷却机见图 3-15。它主要由算床、高压风管、中压风室、烟囱、拉链机等组成。算床是其主要部件，是由横向一行一行间隔排列的固定与活动算板所组成。活动算板在传动装置带动下，做水平往复运动，将熟料向前推动。小型冷却机可做成一段，较大型的则做成两段，且安装高度不同，后段低于前段，以便于物料翻动。

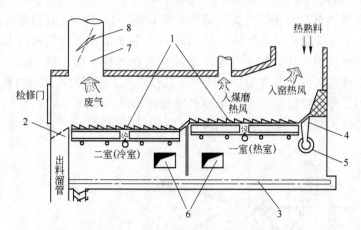

图 3-15　水平推动算式冷却机示意图

1—算床；2—铁栅；3—拉链机；4—倾斜固定算板；5—高压风管；
6—中压风进口；7—烟囱；8—闸板

由于熟料进入冷却机后，先受高压风骤冷，再受中压风冷却，且在算床下部分成一室（热室）和二室（冷室），进风处设有闸板，以调节各室风量，从而使出窑熟料冷却速度快，大约经 25~35min 即可冷却至 100℃ 左右，二次风则可加热至 600~800℃。但该冷却机电耗高，结构及操作较复杂，算床需消耗耐磨合金。

3.4 窑内燃料燃烧

回转窑可采用气体、液体和固体（粉状）燃料。煅烧黏土高铝、水泥熟料多采用煤粉；煅烧镁石、白云石熟料多采用天然气、重油、液化石油气等高热值燃料。下面着重介绍煤粉在回转窑中的燃烧过程。

3.4.1 对煤质的要求

用煤粉煅烧的熟料，要求火焰温度须达 1500~1600℃，并要求物料在高温下停留足够的时间，故要求煅烧带应有均匀的高温火焰，且有一定的长度，因而对煤的热值等均有一定的要求，见表 3-2。

表 3-2 回转窑对煤质的要求

窑 型	干燥基灰分/%	干燥基挥发分/%	干燥基低热值/kJ·kg⁻¹
湿法窑	<28	18~30	>21000
干法窑	<25	18~30	>23000

显然，煤灰越少，热值越高，越有利于提高火焰温度。至于对挥发分有所要求，是因为若其过低（小于 18%），着火缓慢，形成的黑火头过长，使高温火焰变短，影响熟料质量；若过高（大于 30%），火焰变长，且在对煤烘干时，会逸出部分挥发分，造成浪费。若煤质达不到上述要求，可采取相应措施予以弥补。如将几种煤搭配使用，对挥发分较低的煤，应当磨细些，并改善煤粉与一次空气的混合状况等。

煤粉的细度一般要求 0.080mm 筛余量应小于 10%，也可根据煤质由下式计算：

$$R = (1 - 0.01A_{ar} - 0.0011M_{ar}) \times 0.5V_{ar} \qquad (3-1)$$

式中　　　　　R——0.080mm 方孔筛筛余，%；

A_{ar}、M_{ar}、V_{ar}——分别为煤中的灰分、水分、挥发分，%。

显然，煤粉越细，比表面积越大，越容易着火，燃烧越迅速，形成的火焰越短，但粉磨的动力消耗随之增大。反之，过粗的煤粉对煅烧不利，故应合理掌握其细度。

3.4.2 煤粉的制备

该系统通常采用烘干兼粉磨的工艺流程。当原煤水分大于 12% 时，则两者应分别进行。该系统分直吹式和中间仓式两种。

图 3-16 所示为直吹式煤粉制备系统。该系统流程简单、占厂房面积小、动力消耗较低；但煤磨与窑互相牵制，煤磨常不能满负荷运转。

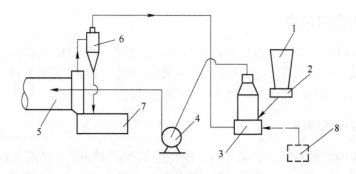

图 3-16 直吹式煤粉制备系统

1—原煤仓；2—喂煤机；3—煤磨；4—煤磨排风机；5—窑；

6—旋风除尘器；7—冷却机；8—热风炉

图 3-17 所示为具有中间储仓的磨煤系统。该系统出磨煤粉先经旋风分离后送至煤粉储仓，然后入窑燃烧。煤磨不受窑的干扰，可在额定负荷下运转，粉磨效率较高，较易控制，且煤粉细度稳定。但该系统流程较复杂，占地面积大，电耗高。该系统根据废气处理方法不同又分为单风机系统（图 3-17a）和双风机系统（图 3-17b）。

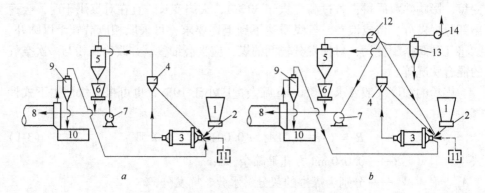

a b

图 3-17 中间仓式煤粉制备系统示意图

a—单风机系统；b—双风机系统

1—原煤仓；2—喂煤机；3—煤磨；4—粗分离器；5—旋风分离器；6—煤粉仓及喂煤机；

7—窑头鼓风机；8—窑；9—旋风分离器；10—冷却机；11—热风炉；

12—煤磨排风机；13—旋风除尘器；14—除尘排风机

3.4.3 煤粉燃烧过程

煤粉燃烧设备为单管式烧嘴，如图 3-18 所示。它由喷煤管与喷煤嘴组成。它从窑头伸入窑中。用通风机将一次空气及其夹带的煤粉喷入窑内，并悬浮在窑

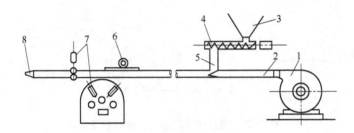

图 3-18 煤粉燃烧装置系统图

1—鼓风机；2—喷煤管；3—煤粉仓；4—喂煤螺旋；5—下煤管；
6—喷管伸缩器；7—喷煤管调整装置；8—喷煤嘴

中燃烧；经冷却机加热的二次空气由窑头入窑。为使窑内火焰按要求前后移动，喷煤管可前后伸缩，在横向一定范围内也可以调节。

喷煤嘴的形式及尺寸对煤粉的燃烧过程影响较大，常用的几种如图 3-19 所示。直筒式出口风速小，射程近，形成短而粗的火焰；拔哨带导管式除具有拔哨式优点外，可使火焰适当加长。拔哨式出口风速较大，射程远，一次风与煤粉混合较好，形成的火焰粗而短。为使煤粉与空气混合得更好，使煤粉迅速燃烧，并使火焰集中，可在管内与筒壁呈一定角度焊上铁板（风翅），使空气与煤粉喷出后旋转，从而均匀混合。风翅角度大小根据煤质及要求的火焰长度而定，角度越大，火焰越短。

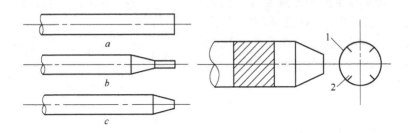

图 3-19 喷煤嘴的形式

a—直筒式；b—拔哨带导管式；c—拔哨式
1—喷煤管；2—风翅

煤粉喷入窑内后，依次进行干燥、预热、逸出挥发分并燃烧、炭粒的燃烧等过程。在其燃烧前，会形成黑火头，其末端着火燃烧，形成火焰，如图 3-20 所示。在其燃烧过程中，挥发分迅速燃烧，而炭粒则十分缓慢，详细资料请参阅参考文献 [5]。

为确保燃料完全燃烧，应控制空气过剩系数在 1.05 ~ 1.15 之间，且应合理确定一、二次空气的比例，其值约为（25% ~ 30%）:（75% ~ 70%）。出口风速

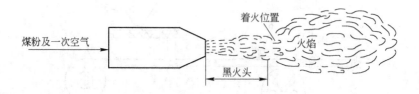

图 3-20　燃料在窑内燃烧的火焰示意图

一般为 50 ~ 70m/s。适当提高一次风温，可加快煤粉干燥和预热过程，着火早，黑火头缩短；但也不能太高，一般低于 150℃，否则会使喷管中的混合物发生着火爆炸。二次空气主要供炭粒燃烧，它与燃料不先混合，可预热至较高温度，以提高火焰温度。

3.4.4　窑内火焰长度及位置

回转窑内火焰的长度及位置影响窑内温度分布及物料煅烧情况，具体要求如下：

3.4.4.1　火焰长度

火焰长度是指煤粉从开始燃烧到完全烧尽在窑中所形成的距离，即燃烧带长度。显然，过长过短均不合适。过短，则火焰集中，局部温度升高，影响该处窑衬寿命；过长，则火力不集中，温度较低，使燃烧带的容积热力强度（单位时间单位容积所产生的热量）降低，且窑尾温度高，热损失加大。长度主要决定于气体在窑内的流速及燃料燃烧所需的时间，即：

$$L = u\tau \qquad (3-2)$$

式中　L——火焰长度，m；

u——气流速度，m/s；

τ——燃料燃烧所需要的时间，s。

当然，L 还与一、二次空气的流速、混合条件以及煤质、煤粉细度等都有关。对于燃烧重油的窑，L 还与其雾化质量有关。因此，在窑中燃料燃烧所形成的火焰有着不同的形状，如图 3-21 所示。火焰 A 长且在窑内浮动，它要在较长距离内放出热量；而火焰 C 则在较短距离

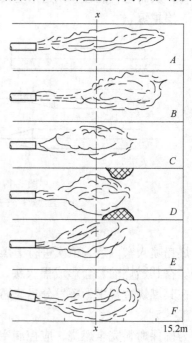

图 3-21　窑内火焰形状

内放出热量，并在空气量与温度发生小变动时，仍能较好地保持其固定位置，是最好的火焰形状。

3.4.4.2　火焰位置

窑中所见黑火头长度通常就是燃料喷出后至着火燃烧前所形成的距离。黑火头过长或过短显然都不利。它在窑横断面上的位置，应该略靠近物料层，如图 3-22 所示的断面中，最恰当的位置应为 $2A$ 或 $2B$ 处。若火焰太逼近料层，如 $3A$ 就会使部分燃料进入料层，形成碳沉积；若火焰位置偏向窑壁，如 $1C$、$2C$、$1B$ 处，就会使高温火焰直接碰到窑壁上，影响窑衬寿命。

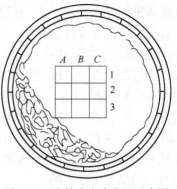

图 3-22　火焰在窑内位置示意图

3.5　窑内物料与气体流动

3.5.1　物料运动

窑内物料运动的情况将直接影响其在窑内的受热时间与面积、料层温度均匀性及气体与物料表面的温差等，从而影响传热过程及煅烧物料的产量质量。物料在窑内运动的轨迹大致如图 3-23 所示。在理想状态下（即不考虑物料在窑壁与料层间滑动，也不考虑物料颗粒大小的影响），随着窑的回转，A 点物料由于摩擦力作用与窑壁一起升起，直到倾斜的物料层表面与水平面所构成的角度大于物料休止角时，物料在重力的作用下才会沿料层表面塌落下来。因窑体倾斜安装，所以 A 点物料不会落在原来的 A 点，而会落在与 B 点垂直投影的 C 点上。物料

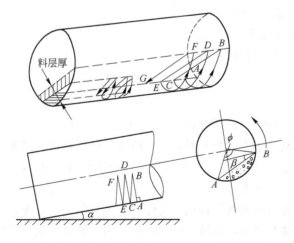

图 3-23　物料在窑内运动过程分析（理想状况）

在筒体轴线方向前进了CA一段距离。同样，它在C点又重新被带到D点，却落在E点，如此连续前进。但实际上，由于粉料的存在，会起润滑作用；或者由于加料量太少，物料或中间一层物料就不能与其他物料均匀混合，而往往夹在料层中间滑动，如图3-24所示。这样，夹在中间层的物料很难加热到烧结温度而欠烧。因此，如何减少粉料滑动是非常重要的。

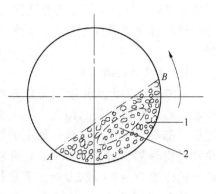

图 3-24 物料的滑动

1—物料；2—滑动区

总之，窑内物料运动情况相当复杂，影响因素很多，难以用简单的公式来计算其运动速度。在对窑内物料运动规律进行分析与模型实验后，有一些经验公式可计算其速度。

$$u = \frac{L}{60\,\tau} \qquad (3\text{-}3)$$

式中 L——窑长，m；

τ——物料在窑内的停留时间，min。

其经验公式为

$$u = \frac{\alpha D_i n}{60 \times 1.77\sqrt{\beta}} \qquad (3\text{-}4)$$

式中 α——窑的倾斜角，(°)；

D_i——窑衬砖内径，m；

n——窑转速，r/min；

β——物料休止角，(°)。

则物料在窑内的停留时间为

$$\tau = \frac{1.77\sqrt{\beta}L \times 60}{\alpha D_i n} \qquad (3\text{-}5)$$

由式 (3-5) 不难分析其影响因素。在实际生产中，α、D_i、β 均已定，则 u 与 n 成正比，即改变窑速，物料的 u 随之改变。但如窑内有结圈或人工砌筑挡料圈时，物料运动速度要降低。此外，窑内热交换装置（如链条、热交换器等）也会影响物料的运动速度。

物料在窑内各带发生的物理化学变化对其颗粒形状、粒度、松散度及密度均有影响。因此，物料在各带的运动速度不同。为了解其情况，可用放射性同位素进行测定，表3-3即为 $\phi 3.5\text{mm} \times 90\text{mm}$ 煅烧镁砂回转窑物料在各带运动速度的实测值。

表 3-3 窑内镁砂在各带运动速度

项　目	预热带	分解带			煅烧带		冷却带	冷却筒
		1	2	3	1	2		
窑段长度/m	0～15	16～38	39～55	56～65	66～74	75～81	82～90	
平均运动速度/m·min⁻¹	0.57	0.64	0.94	0.99	1.34	0.23	0.23	1.125

由表 3-3 中数据可以看出，在分解带中末段及煅烧带首段中粉料多，物料流速较快，而煅烧带末段产生液相，料速减慢。

窑内料层的厚薄对物料在窑内的翻动次数、传热及产量质量都有影响。过厚过薄都不利。通常用填充系数来表示，它是指物料占窑内的横断面积与窑净空横断面积之比，一般为 6%～15%。实际生产中，为了稳定窑的热工制度，必须稳定窑速。若需降低窑速，则应减少物料量，以稳定窑内物料的填充系数。

3.5.2 气体运动

窑内气体流动的状况直接影响燃料燃烧及传热过程，从而影响窑的操作和产量质量。各种形式的窑，气体流动的方向都是从窑头流向窑尾。其动力为烟囱抽力和排烟机强制排烟。带有筒式冷却机的窑大多采用后者，而带有箅式冷却机的窑，除窑尾机械排烟外，在窑头的冷却机还设有通风机，这大大改善了窑的通风效果，目前为大多数窑所采用。

窑内气体从窑头流向窑尾时，其温度与组成都不断发生变化，流速也随之而变。它既影响传热速率，也影响窑内飞灰生成量即料耗。当流速过大，传热系数增大，但气体与物料接触的时间减少，总传热量有时反而减少，表现为废气温度升高，热耗与料耗加大，不经济；相反，流速低，传热速率低必会使产量下降。窑内气流速度各带不同，一般以窑尾风速示之。如 φ3m 的湿法窑，以 5m/s 左右为宜。

窑内气流运动状态属湍流，沿窑截面其速度分布一般为均匀的，但在窑头窑尾处，它受其形状和密闭情况影响，这些部位往往因面积和方向改变而产生涡流，导致气流局部阻力增大。气体通过窑内的阻力，主要表现为摩擦力。对于空窑，摩擦系数仅为 0.05；对一般回转窑，每米窑长阻力为 5.9～9.8Pa。窑内的零压位常控制在窑头附近。这样，即可根据筒体长度估算窑尾所需负压的大小。正常操作时，窑尾负压不应波动太大，否则，会影响生产。

3.6 窑内热交换

回转窑不同部位的气体温度各异，但当窑的操作稳定时，同一截面上气体温度可视为一致。物料与衬砖的温度却随着窑的旋转而不断发生变化。其中，衬砖呈周期性变化，而物料则更为复杂。可在窑内选定某块衬砖分析之。如图 3-24 所示，当其自 A 点转至 B 点时，由于它接收热气体综合传热会逐渐加热，其温度逐渐升高，至 B 点为最高；当其从 B 点转至 A 点时，与物料接触，将其热量传给物料而本身温度下降，至 A 点处为最低。但从 A 到 B 的弧长比从 B 到 A 的要长，故衬砖加热的时间 τ_1 比放热时间 τ_2 要长，如图 3-25 所示。实际上衬砖是起蓄热器作用。

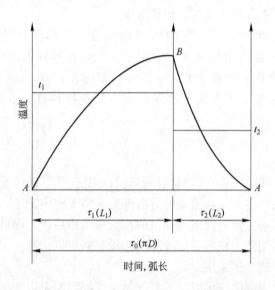

图 3-25　窑衬砖表面温度变化情况

τ_0—窑转动一周所需时间，min；τ_1—在一转中衬砖与热气体接触的时间，min；

τ_2—在一转中衬砖与物料接触的时间，min；L_1—与热气体接触的衬砖弧长，m；

L_2—与物料接触的衬砖弧长，m；t_1—与热气体接触部分衬砖表面平均温度，℃；

t_2—与物料接触部分衬砖表面平均温度，℃

至于物料温度，由于其颗粒在窑内处于运动状态，且不断翻动，故其表面温度不断变化，可认为与热气体不断接触的表面层温度与其内部基本一致（产生滑动的部分温度低些），而靠近窑衬物料层下表面温度要比物料层内部平均温度高。

回转窑中的气体、炉衬及物料间综合传热过程可如图 3-26 所示。

高温气体以辐射和对流方式传热给物料上表面与暴露的衬砖表面，并对物料

在运动中产生并悬浮在气体中的粉尘加
热。衬砖接受的热量则向三方面传递，暴
露的衬砖表面直接对物料表面进行热辐
射；上述衬砖转到物料层下面时，以传导
方式传给物料；又以综合传热方式通过筒
体向环境散热。物料内部则属于散料层内
的传热；而物料上下表面向中心处的传热
既包括物料间的导热，也包括空隙中气体
的导热和气体与物料表面的对流换热，还
包括物料颗粒表面间及气体与颗粒表面间
的辐射换热等。

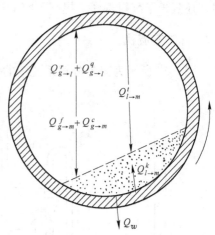

图 3-26 窑内综合传热过程

　　气体与物料间沿窑长方向的热交换，
随气体温度变化的方式不同而不同。大体
为：高温区（1000℃左右）以对流和辐射方式为主，低温区主要以对流方式换热。

3.7 窑外分解技术

　　传统的水泥熟料生产方法是：预热、分解和煅烧都在回转窑内进行。但这三
个过程的特点不同，预热和分解过程，温度并不高（900℃以下），但需要消耗
很多热量，尤其是碳酸盐分解过程更为突出，所需热量约占总消耗的50%，而
煅烧过程则必须具有较高的温度（约
1400℃）和足够的反应烧结时间，所需热
量相对较少，如图3-27所示。

　　为解决碳酸盐分解需热与传热矛盾，
提高单机产量，以往采用的办法是增加窑
体尺寸，但同时也带来种种弊端，而窑外
分解技术较好地解决了这些矛盾。

　　这一技术的关键是在悬浮预热器与回
转窑之间增加一个分解炉，向炉内加入占
燃耗30% ~ 60%的燃料，使燃料燃烧放
热过程与生料分解吸热过程同在悬浮状态
下紧密配合，极其迅速地完成，使入窑生
料分解率达到85%以上，将传统的预热、
分解和煅烧过程分别在悬浮预热器、分解
炉和回转窑内进行。这就大大减少了回转
窑的热负荷，其产量比以前提高了1 ~ 2

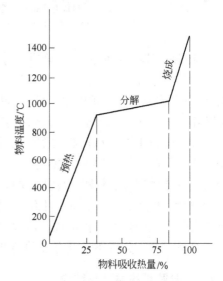

图 3-27　水泥熟料所需
温度—热量图解

倍，还延长了窑衬寿命，提高了窑的运转率，水泥工业已广为采用。

3.7.1 工艺流程

图 3-28 所示为窑外分解系统中的一种生产工艺流程。

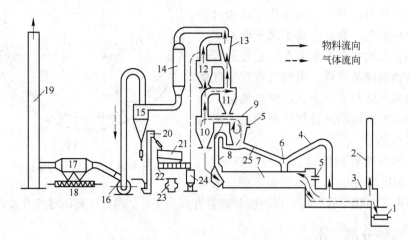

图 3-28 预分解窑系统生产工艺流程

1—熟料输送机；2—烟囱；3—回转箅式冷却机；4—二次风管；5—喷油枪；6—沉降室；

7—回转窑；8—窑尾缩口；9—分解炉；10—Ⅳ级旋风筒；11—Ⅲ级旋风筒；

12—Ⅱ级旋风筒；13—Ⅰ级旋风筒；14—增湿塔；15—旋风吸尘器；

16—排烟机；17—电收尘器；18—回灰螺旋输送机；19—烟囱；

20—生料提升机；21—振动筛；22—双管螺旋输送机；

23—罗茨风机；24—气力提升泵；25—蝶阀

第Ⅲ级旋风筒以前流程与旋风悬浮预热器系统相同；物料在Ⅲ级旋风筒分离后，经底部进入连接窑尾烟道缩口上的倒 U 形管内，被窑尾烟气带入分解炉，物料在 900℃ 左右的分解炉内随气流一起做螺旋运动，受热分解后，与气流一起进入Ⅳ级旋风筒，与气流分离后，进入回转窑，煅烧后经冷却机冷却，由输送机运出。

在冷却机中被熟料预热的空气分别引向窑尾与窑头。入窑头的作为助燃风用；进窑尾的与烟气混合，以切线方向经蜗壳进入分解炉，供其作二次空气用。分解炉的锥体部分有烧嘴，喷入燃料燃烧使生料分解后，进入Ⅳ级旋风筒，与粉料分离后，气体进入Ⅲ、Ⅱ、Ⅰ级旋风筒预热生料，出Ⅰ级旋风筒的废气经增湿塔增湿，再经吸尘器、排烟机、电收尘器，最后由烟囱排出。

当然，窑外分解系统还有多种类型，可参阅有关资料。

3.7.2 分解炉的类型与结构

分解炉是将燃料燃烧、传热、传质及分解反应集于一体的热工设备，全过程都在悬浮状态下进行，其传热、传质速率很高，是一种高效率的热工设备，自20世纪70年代问世以来，发展迅速，目前已有多种形式。根据其结构与工作原理不同，可分为旋流式、喷腾式、旋流喷腾式、沸腾式等。现简介其中几种类型。

（1）旋流式分解炉（SF分解炉）。旋流式分解炉如图3-29所示，它由上、下旋流室和反应室构成。反应室设有1~3个烧嘴，以重油为燃料，其用量约占油耗量的50%。由Ⅲ级旋风筒预热至760~800℃的物料，被来自窑尾的900℃的烟气带入分解炉内。由于气体沿炉壁以切线方向进入炉内，炉内物料与气流旋转上升，呈紊流状态，炉温均匀，有利于气、固相间的传热与传质，物料分解快，入窑温度达到860~895℃，产能高。

（2）带预热室的分解炉（RSP炉）。带预热室的分解炉如图3-30所示，它由漩涡分解室（SC）、预燃室（SB）及混合室（MC）构成。SB炉很小，供SC炉点火用，并保证其稳定燃烧。SC炉是RSP炉最重要的组成部分。其燃料用量约为总量的55%~60%，其中少量在SB炉内燃烧，大部分在SC炉内燃烧。约700℃的空气来自冷却机，其用量约等于理论需要量，热空气从SC炉两侧以切线方向送入，另有部分以切向方向送入SB炉。由第Ⅲ级旋风筒预热的生料进入SC炉，被从冷却机送来的热空气吹散，呈涡流运动，很快进行碳酸钙分解反应，生料随气流沿输送管往下运动，进入混合室，与出窑废气混合，并流向第Ⅳ级旋风筒。

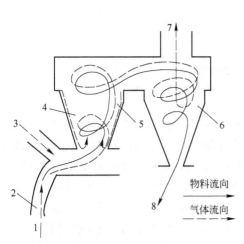

图 3-29　旋流式分解炉

1—窑尾烟气；2—Ⅲ级筒来料；3—二次风入口；
4—燃料喷口；5—分解炉；6—Ⅳ级预热器；
7—进Ⅲ级预热器；8—入窑物料

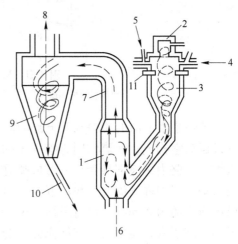

图 3-30　RSP 型分解炉

1—混合室；2—SB 炉（旋风预燃室）；3—SC 炉
（漩涡分解室）；4—热空气入口；5—预热生料
入口；6—烟气入口；7—上升管道；8—废气出口；
9—第Ⅳ级旋风筒；10—下料管；11—烧嘴

RSP 炉有强烈的旋转运动，又有喷腾运动，既有利于物料混合及热交换，又有利于炉温均匀。

（3）喷腾式分解炉（KSV 型炉）。KSV 型炉内的燃料燃烧与生料的加热分解是在喷腾床的"喷腾效应"及涡流的"旋风效应"综合作用下完成的，其结构如图 3-31 所示。

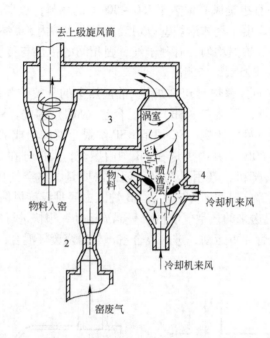

图 3-31   KSV 型分解炉
1—最低级旋风筒；2—缩口；3—KSV 分解炉；4—喷嘴

该炉是由下部的喷腾床及上部的涡流室组成。喷腾床由下部倒锥体入口喉管及圆筒室构成，涡流室则为喷腾床的扩展部分。从冷却机来的二次风分两路入炉。一路由炉底部喉管喷入形成喷腾床；另一路从圆筒体的最下部以切线方向入炉，以加强气流与生料的混合。由炉底喷入的二次风速为 25~30m/s，圆筒体送入的为 20m/s，炉内断面风速为 8~10m/s。窑尾烟气从炉的圆筒部分不同高度喷入，使生料和气体充分混合，并在上升气流作用下形成喷腾体。生料随气流在喷腾床停留一定时间后，进入涡流室，并通过排气口进入最低一级旋风筒内，并由此分离入窑。为防止窑尾来的 1000~1100℃ 烟气在入炉管道中黏结堵塞，从上一级旋风筒下来的生料仍有 25% 从烟道缩口上部加入，以吸收烟气余热。如果烟气温度不高，则可根据需要与实际情况，减少加入烟道中的生料。

3.8　回转窑选型计算

回转窑选型计算主要是根据所要求的生产能力（t/a），确定其主要尺寸——窑的长度和直径。应当指出的是，回转窑的生产能力除与窑体尺寸有关外，还与其他诸多因素有关，如产品品种、生产方法、窑的类型、热交换装置形式、操作水平、运转情况及辅助设备配套等。这些因素之间并无一定的数值关系，只能根据不同的窑型做大量统计工作，得出较为接近实际的经验公式。以下仅就煅烧耐火原料用回转窑选型计算作一简介。

3.8.1　回转窑规格的计算

首先根据生产能力，用经验公式确定所需窑体内表面积，用图解法确定长度 L 与直径 D，再与同类型窑进行比较，并做适当调整。

$$S = \frac{41.7G}{AJZ} \qquad (3-6)$$

式中　S——窑体衬砖内表面积，m^2；

　　　G——每年要求提供的耐火熟料成品量，t/a；

　　　A——单位面积产能（按出窑量计），$kg/(m^2 \cdot h)$；煅烧不同的原料，其值不同，参考数据如下：黏土，$A = 30kg/(m^2 \cdot h)$；高铝矾土，$A = 25kg/(m^2 \cdot h)$；镁石，$A = 18kg/(m^2 \cdot h)$；白云石，$A = 20kg/(m^2 \cdot h)$；

　　　J——出窑料综合合格率，%；不同物料，其值不同，可查有关手册；

　　　Z——窑的年工作日，d/a，一般为 300～330d/a。

例：要求年煅烧黏土熟料量为 33000t/a。选择合适的窑尺寸。

解：取 $J = 99\%$，$Z = 330d/a$。则依式（3-6）为

$$A = \frac{41.7 \times 33000}{30 \times 99\% \times 330} = 140m^2$$

查图 3-32，当 $A = 140m^2$，取 $L/D = 15$，则得 $L = 30m$，窑外径 $D = 2.0m$，并可由该图确定，当 $A = 30kg/(m^2 \cdot h)$ 时，窑的小时产量为 4.2t/h。

3.8.2　燃料消耗量的确定

合理确定回转窑的燃料消耗量，是保证窑内火焰温度和物料煅烧质量的重要因素，也是正确选择窑头通风机和窑尾排烟机的重要依据。在设计窑炉时，可依据热平衡计算来确定燃料消耗量，也可参考生产实际数据确定。

按单位质量出窑料所消耗的标准燃料质量分数计的单位标准燃料消耗 B。见

表 3-4。

表 3-4 标准燃料单位消耗设计指标 B_0 （%）

项 目	硬质黏土	高铝矾土		镁石 （半干法生产冶金镁砂）	白云石 （半干法）	石 灰
		三级	一、二级			
窑尾无 预热装置	14～16	20	28			
窑尾带 预热装置				40	40	17～20

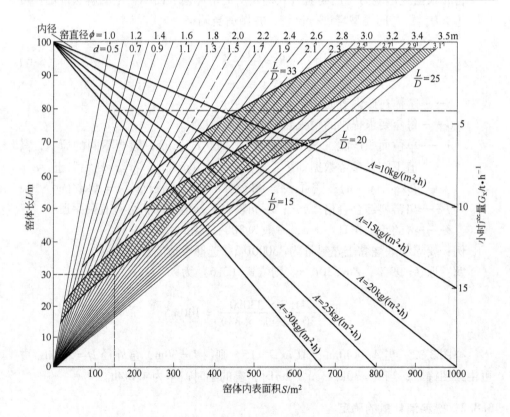

图 3-32 回转窑选型计算图（阴影区内为推荐的
L/D 可选区，本图适于直筒形窑）

4 隧 道 窑

隧道窑广泛应用于耐火材料、陶瓷、建材和粉末冶金等行业，其主要优点是产量大、单位产品燃料消耗低、热效率较高、机械化自动化程度高、劳动条件好等，其缺点是基建投资大、热工制度不易经常调整、钢材用量以及附属设备较多等，故多用于产量大、品种较为单一的制品。

本章将以耐火材料工业用明焰车式隧道窑为重点，介绍各种类型隧道窑的工作原理、结构特点、热工特性等内容，为合理组织窑炉生产、改造旧窑炉和设计研究新型窑炉奠定一定的基础。

隧道窑有各种不同的分类方法，如按烧成的温度高低可分为低温（1000~1350℃）、中温（1350~1550℃）、高温（1550~1750℃）和超高温（1750~1950℃）隧道窑；按烧成品种可以分为耐火材料、陶瓷、红砖隧道窑；按热源可以分火焰、电热隧道窑；按火焰是否进入隧道可以分为明焰、隔焰和半隔焰隧道窑；按窑内运输设备可分为车式、推板、辊底、输送带、步进式隧道窑和气垫隧道窑；按通道多少可分为单通道和多通道隧道窑。

隧道窑因类似山洞的隧道而得名。目前耐火材料工业多用单通道明焰车式隧道窑。通道两侧的窑墙和上部窑顶用耐火材料和保温材料砌筑而成，下部窑底由沿窑炉内轨道移动的窑车构成，两端设有窑门，但陶瓷工业用隧道窑种类繁多。

隧道窑属于逆流操作的热工设备，即窑车上的坯体，用推车机在隧道窑内与气流反向做连续或间歇移动，并沿窑车前进方向依次完成预热、烧成和冷却过程，因而将隧道窑沿窑长分为预热、烧成和冷却三带。这三带的具体划分各有不同，有以砌筑体划分，有以温度划分等，但多数以燃烧室的设置来划分，即设有燃烧室的部分为烧成带，其前后各分为预热带和冷却带。正常生产时，按规定时间从窑头向窑内推入一辆装好坯体的窑车，同时从窑尾向窑外顶出一辆制品已被烧好的窑车。窑车进入预热带后，车上坯体首先与来自烧成带燃料燃烧所生成的烟气接触，并逐渐被加热；进入烧成带后，借助燃料燃烧放出的大量热，达到所要求的最高烧成温度，再经一定时间的保温，坯体被烧成制品；高温烧成的制品进入冷却带，与从窑尾鼓入的大量冷空气进行热交换，经冷却的制品推出窑外。被加热的空气一部分作为助燃空气，送往烧成带，另一部分抽出供坯体干燥或气幕用。燃料在烧成带燃烧后所产生的高温烟气，沿窑内通道流入预热带，在加热坯体时本身被冷却，最后经预热带排烟口、支烟道、主烟道由排烟机、烟囱排出。

隧道窑的工作系统随燃料种类、窑体结构、焙烧品种、烧成温度等不同有较大差异，图 4-1 为其中的一种黏土砖隧道窑系统图。

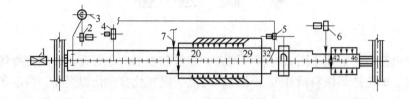

图 4-1　101.2m×2.2m×1.6m 黏土砖隧道窑系统图

1—推车机；2—排烟机；3—烟囱；4—气幕风机；5—抽热风
兼一次风机；6—冷却送风机；7—燃料总管

由上述分析可知，隧道窑中由于制品和气流按逆流方向运动，烧成制品及燃烧产物的热量都得到较充分的利用，因此较间歇式窑热效率高。

在耐火材料工业中，某些隧道窑在预热带前同一中心线设有干燥带，利用从冷却带抽来的热风干燥砖坯。设置窑前干燥带可以省去单独的干燥程序，节约燃料，减少破损，同时减轻劳动强度。但各种不同砖坯只能按同一干燥制度进行干燥，干燥废品也无法选出，它们必须随同正品一道继续其后的烧成过程，造成燃料浪费，所以对于形状和尺寸相差比较悬殊或干燥废品较多的砖坯，不宜在窑前设干燥带，而应另设干燥器。

隧道窑的规格通常用窑长×内宽×有效高度（即从车台平面至拱顶内衬的最大高度）来表示。表 4-1 列出了几种不同制品隧道窑的规格。

表 4-1　隧道窑的规格

制品品种	窑的规格/m			窑各带的长度/m			窑的产量
	长度	宽度	高度	预热带	烧成带	冷却带	
黏土砖	101.2	2.2	1.6	41.8	22.0	37.4	3~3.5 万 t/a
高铝砖	156.0	3.2	1.1	72.0	24.0	60.0	3.5 万 t/a
硅 砖	157.5	2.24	1.9	50.0	50.0	57.5	2.5 万 t/a
镁质制品	156.0	3.2	1.1	72.0	24.0	60.0	4~4.5 万 t/a
日用瓷	92.0	1.3	1.4	29.86	26.47	35.67	7.0×10^6 8in 盘/a
电瓷（还原焰）	116.59	2.2	2.0	38.52	28.00	50.07	562 万件/a
卫生瓷（隔焰）	92.0	1.1	1.204	30.0	22.0	40.0	2.0×10^5 件/a
釉面砖釉烧	33.88	0.75	0.886	13.47	6.9	13.51	1.8×10^5 m²/a

4.1　隧道窑结构

4.1.1　断面尺寸和长度

窑的尺寸主要依据烧成制品的工艺要求和产量而定。

隧道窑的长度主要取决于制品的烧成制度及产量。而烧成制度主要取决于制品在烧成过程中的物理化学变化。如硅砖由于在加热和冷却的过程中相变较复杂，对烧成制度有较严格的要求，所以硅砖隧道窑较长。而黏土砖的烧成制度不如硅砖严格，窑长的波动范围较大。

就窑体本身而言，应考虑投资、燃耗及操作等方面的因素。短而较宽的窑单位产品投资较少，散热损失较少，而且窑内气体流动能量损失小，可减少漏气和降低排烟机的动力消耗。但如果窑太短，出窑烟气温度可能太高，容易损坏排烟机并造成较大的热量损失；冷却带太短也会造成冷却效果差，制品出窑温度高，拣选条件恶劣，而且增加窑车和制品所带走的热损失。近年来，随着顶烧间歇式燃烧方式的出现，以及采用新的强化烧成与冷却的方法，隧道窑正在向宽而短的方向发展。

隧道窑各带长度应根据制品烧成温度曲线来确定，一般原则是：

（1）为了更好利用热量，预热带长度应根据排出烟气的温度来确定，而一般应低于250℃；

（2）烧成带长度应按制品最终烧成温度所需持续时间的长短而定；

（3）冷却带长度应根据出窑制品的温度来确定，一般应低于100℃。

隧道窑的高度主要取决于坯体在烧成过程中的特性及允许的上下温差。如镁砖由于其荷重软化温度和它的烧成温度接近，砖垛高度不宜太高，故其窑高通常在1m左右；而硅砖由于其荷重软化温度高，其窑高通常在1.9～2.1m。我国现有黏土砖隧道窑和高铝砖隧道窑的高度分别为1.5～1.9m和1.1～1.5m。砖垛上下所允许的温差也是考虑窑高时非常重要的一个因素。窑高增加，上下温差加大，造成烧成制品质量不均匀。

窑的宽度与窑的产量及允许的温差有关。产量随窑宽的增加而提高，但对侧烧窑，太宽则中心温度易偏低。按宽度不同，我国耐火材料工业用隧道窑常分为"大断面"和"小断面"两种类型，前者指宽为3m左右的窑，后者指宽为1.8～2.2m的窑。此外，为降低燃料消耗和减轻劳动强度，在部分中小厂还兴建一些宽约1m的小隧道窑。

隧道窑总长及各带长度可按下述公式确定

$$V = \frac{G_h \tau}{\eta \rho} \tag{4-1}$$

式中 V——隧道窑有效容积，m^3；

　　G_h——成品小时产量，kg/h；

　　τ——总烧成时间，即制品在窑内的停留时间，h；

　　η——成品率，%；

　　ρ——装窑密度，kg/m^3。

当隧道窑横截面积 A 已确定时，则其窑长 L 可由下式计算

$$L = \frac{G_h \tau}{\eta \rho A} \tag{4-2}$$

各带长度可按下式计算

$$L_1 = \frac{\tau_1}{\tau}L, \quad L_2 = \frac{\tau_2}{\tau}L, \quad L_3 = \frac{\tau_3}{\tau}L \tag{4-3}$$

式中 L_1，L_2，L_3——分别表示预热带、烧成带及冷却带长度，m；

　　τ_1，τ_2，τ_3——分别表示预热、烧成及冷却时间，h。

窑断面及窑车长度确定后，可根据所设计的码垛图（装砖图）算出装砖量 g，再计算出推车间隔时间 $\Delta\tau'$

$$\Delta\tau' = 24 \times 60 \frac{Jg\eta}{G} \tag{4-4}$$

式中 J——年工作日，d/a；

　　g——装砖量，$kg/辆$；

　　G——年成品产量，kg/a。

算出 $\Delta\tau'$ 后，尽可能选用整数，以便操作。选定 $\Delta\tau'$ 后，再进一步核算该窑的实际生产能力 G_p

$$G_p = 24 \times 60 \frac{Jg\eta}{\Delta\tau} \tag{4-5}$$

显然，G_p 应不小于 G，若不符合此要求，应重新设计。

烧成各种耐火制品隧道窑设计指标见表4-2。

表 4-2　烧成各种耐火制品隧道窑设计指标

制品品种	隧道窑规格（长×宽×高）/m×m×m	窑车尺寸（长×宽）/m×m	窑车装砖量/t·辆⁻¹	推车时间间隔/min	产量/t·a⁻¹	烧成温度/℃	燃料种类	单位成品标准燃料消耗/%	平均废品率/%	年工作日数/d
黏土砖	101.2×2.2×1.6	2.2×2.2	4~4.5	60	30000~35000	1300~1400	煤气	8~10	5~8	360
							重油	12~13.5		
硅砖	157.5×2.24×1.9	2.5×2.3	7.0	120	25000	1400~1420	煤气	18~20	8~12	360

制品品种	隧道窑规格(长×宽×高)/m×m×m	窑车尺寸(长×宽)/m×m	窑车装砖量/t·辆⁻¹	推车时间间隔/min	产量/t·a⁻¹	烧成温度/℃	燃料种类	单位成品标准燃料消耗/%	平均废品率/%	年工作日数/d
一等、二等高铝砖	204 (45)① ×3.2×1.1	3.0×3.1	8.5	110~120	32000~35000	1500~1600	煤气	18~20	8~10	350
镁质制品	156×3.2×1.1	3.0×3.1	10.5	100②~120	40000~45000②	1600~1650	煤气	18~20	5~8	350

①括号内数据为窑前干燥器的长度。
②为烧镁砖的数据。

4.1.2 窑顶结构

窑顶是窑体的重要组成部分，它对于窑的寿命有决定性影响。窑顶所选材质必须能长期承受高温、重量轻、保温性能好，其结构应严密不漏气，并有利于窑内气流的合理分布。

窑顶一般有拱顶、平吊顶、吊拱顶三种类型。

4.1.2.1 拱顶

窑顶结构为一拱形，通过拱脚砖架设在窑墙上，拱脚砖两边的窑墙上安设有拱脚梁，以承受拱顶产生的横推力，窑墙外设有立柱，通过上下拉杆拉紧，使窑顶和窑墙形成一个整体，如图4-2所示。

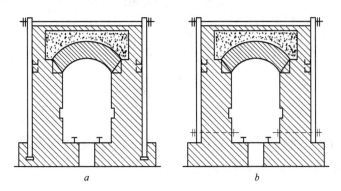

图4-2 拱顶结构

a—立柱埋入窑基；*b*—立柱用上下拉杆连接

拱顶横推力大小与拱自重、拱中心角大小有关。如图4-3所示，当拱顶自重为 Q 时所产生的横向推应力为：

$$F = \frac{Q}{2}K_t \cog \frac{\alpha}{2} \tag{4-6}$$

式中　F——拱脚横向推力，N/cm（按沿窑长度方向上单位长度的重力计算）；

　　　Q——拱顶荷重，N/cm；

　　　α——拱中心角，（°）；

　　　K_t——温度应力系数，设计常用值如下：

温度/℃	< 650	650 ~ 1000	1000 ~ 1200	1200 ~ 1400	1400 ~ 1600	> 1600
系数 K_t	1	1.5	2	3	3.5	4

　　在进行拱顶设计时，拱中心角 α 的选择非常重要，拱中心角太小，拱脚砖所受的力大，而且由于拱脚砖和灰缝的收缩，在使用中易下沉。反之，若拱中心角大，拱半径小，当拱中心角 $\alpha = 180°$时为半圆拱，拱脚砖受热膨胀后，拱会被挤起而产生开裂；同时拱高增加，拱与砖垛之间的空间加大，容易造成上下温差。所以隧道窑一般采用60° ~ 90°拱中心角。

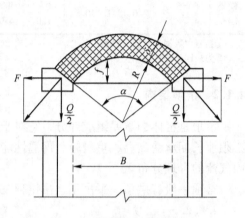

图 4-3　拱顶自重及推力分析

　　通常可以根据拱高 f 和跨度 B（窑内宽）之比把拱分为下列几种形式：

半圆拱
$$f = \frac{B}{2} \quad \alpha = 180°$$

标准拱
$$f = \left(\frac{1}{3} \sim \frac{1}{7}\right)B$$

倾斜拱
$$f = \left(\frac{1}{8} \sim \frac{1}{10}\right)B$$

平　拱
$$f = 0$$

拱的跨度 B、拱高 f、拱中心角 α 和拱半径 R 是拱的重要参数，只要预先确定其中的任意两个，即可根据下列公式求出另外几个。

$$f = R\left(1 - \cos\frac{\alpha}{2}\right) = \frac{B}{2}\tan\frac{\alpha}{4} \tag{4-7}$$

$$R = \frac{B}{2\sin\dfrac{\alpha}{2}} \tag{4-8}$$

　　确定这几个尺寸后即可进行拱顶配砖计算，为减少砖型、简化计算，通常可选用拱跨系列，这样，一旦选定拱中心角（如60°、90°、120°等），并确定拱顶

内衬厚度，即可查表求得每环拱顶内
衬所用砖型与块数。至于拱顶内衬材
质，则视窑炉种类、烧成温度及不同
部位而定。如黏土砖隧道窑烧成带拱
顶内衬多用硅转，而预热带和冷却带
拱顶内衬多用黏土砖。拱顶内衬上部
则根据不同的界面温度选用相应的保
温材料。

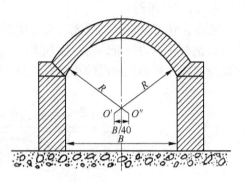

图 4-4 双心拱

有时为了使拱顶结构更加坚固，
避免拱顶下落，可做成双心拱，即拱
顶由两个半弧构成，如图 4-4 所示，
左方拱弧的圆心移至拱心垂直线之右，右方亦然。

4.1.2.2 平吊顶

平吊顶结构如图 4-5 所示，窑顶是平的，窑顶砖通过吊挂机构吊在窑顶上面
的钢梁上。吊挂方法是两块大吊砖之间夹数块小吊砖，大小吊砖之间凹进和凸出
的部分互相咬合形成一个整体，通过金属吊杆悬挂于钢梁上。

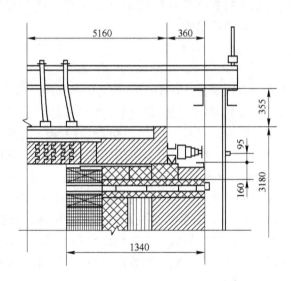

图 4-5 平吊顶结构

平吊顶窑顶不易下沉。窑墙所承受的载荷小，有利于延长窑体寿命。平吊顶
结构便于码放砖垛，与窑顶之间的间隙较小，有利于窑内气流的合理分布。但建
造平吊窑需要较多的投资和钢材，气密性也没有拱顶结构好。目前这种结构多用
于烧成温度比较高的镁砖和高铝砖隧道窑上。

4.1.2.3 吊拱顶

隧道窑在温度最高的烧成带采用吊拱顶，如图 4-6 所示。这种窑顶较之平顶窑节省钢材，节约投资，窑顶的气密性较好，散热也比较少。这种结构目前仅用于烧成镁质和高铝质制品的小型隧道窑。

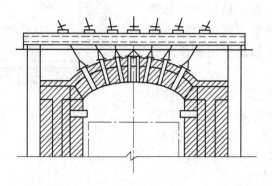

图 4-6 吊拱顶结构

吊拱顶的大吊砖通过吊杆挂在钢梁上，大小吊砖之间用"销钉"连成一个整体。各吊挂点的大吊砖的数目可为 1～2 块，但中心吊挂点的大吊砖应在 3 块以上，以利吊挂。材质多为镁铝质。

4.1.3 窑墙结构

窑墙是窑体的重要组成部分，它不仅要承受高温作用，而且还要支撑窑顶，同时向外界空间散热，故窑墙必须能耐高温、具有一定的强度，并能保温。因此，选用合适的材质与厚度，对减少投资、降低燃料消耗、延长窑体寿命和改善劳动条件等都至关重要。一般而言，一条隧道窑窑墙的厚度应该根据高、中、低温分成 2～4 段，烧成带及其附近温度最高，窑墙最厚；窑头及窑尾温度最低，窑墙也最薄；中温部分的厚度介于上述二者之间。较理想的窑墙结构应为"薄壁"结构，其总热阻较大，又能承受高温荷重作用。显然，具有高强度而隔热性能良好的轻质耐火材料能达此目的，如氧化铝空心球制品、刚玉莫来石隔热砖等。但目前这种材料价格昂贵，一般厂矿难以采用，而其他保温材料多因其强度太低不能直接用作窑墙内衬。

窑墙通常由三部分材料砌成：

（1）最内层（内衬）为重质耐火材料或上述的高级保温材料，主要承受高温荷重作用，烧成温度愈高，要求材质质量愈高，价格亦愈昂贵。这些材料的热导率一般较大，故所形成的热阻并不大，因而只能靠增加这部分材料的厚度来形成较大的热阻。

（2）中间部分为保温层，可根据需要，由数种不同的轻质材料构成，其选用的原则为在低于极限使用温度的范围内长期安全使用，并使其隔热性能最好，即用较薄的保温材料获得较大的热阻，这就无疑要尽可能选用那些密度小、热导率低的保温材料。显然，保温层厚度对窑墙总厚度起决定作用，因为它决定了隧道窑热损失的大小和投资的多少。保温层加厚无疑会减少窑墙热损失，但却增加了基建投资和砌筑维修费用；反之，则减少投资、增大热损失、浪费燃料、恶化操作条件。因此，设计窑炉时必须全面考虑，选择一个总经济费用最低的"经济厚度"。不过，所谓"经济厚度"是一个受燃料、材料价格和隧道窑使用寿命影响的变数，设计时必须精心选择。要使炉衬真正达到"经济厚度"，应按最佳热能设计原理进行设计计算，即根据相关的热阻图，充分考虑炉衬热阻环境条件与热损失的关系。而窑体冷面温度的选择是决定整个炉衬设计经济效果的唯一重要的设计变数，应慎重选择。

（3）最外层通常用建筑材料（如灰渣砖等）或黏土砖砌筑，以保护保温材料不被损坏。但为了增大窑墙总热阻，减薄窑墙厚度，近年来国内外不少窑墙最外层也采用保温材料（拱脚梁等承受压力部分除外），节能效果较为显著。

4.1.4　各带结构及装置

4.1.4.1　预热带窑墙排烟装置

来自烧成带的烟气需经排烟口排出窑外，排烟口设在预热带两侧窑墙并靠近车台平面，这样迫使气流向下流动，从而减少上下温差。排烟口的数量根据隧道窑的类型不同而异，少则3~5对，多达十几对。多设排烟口是为了灵活地调节升温曲线。如当坯体进口温度要求较低时，就要从靠近烧成带方向的排烟口多抽出一些烟气，若排烟口太少，则起不到调节作用；此外，每个排烟口尺寸也不宜太大，否则影响该处窑墙的强度。当然，过多的排烟口也不利，特别是将较高温的烟气过多抽出，既浪费热量，又影响排烟机寿命，故排烟口数量应结合窑炉具体情况加以确定。

预热带烟道布置方式大致有三种：地下烟道、金属烟道和窑墙烟道。

地下烟道结构如图4-7所示。烟气由窑内进入排烟口，通过烟道闸板1进入支烟道2，然后进入总烟道，经排烟机送入烟囱排出。所有烟道均埋于地面以下。其优点是钢材用量少、窑体整

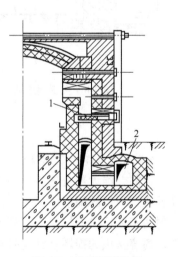

图 4-7　地下烟道结构

1—烟道闸板；2—支烟道

齐美观，但土方工程较大，且地下水位较高的地方须有较好的防水层，否则容易积水，影响正常排烟。

金属烟道结构如图4-8所示。烟气经设置在窑墙上的排烟管直接进入烟道内，再汇集于总烟道，最后由排烟机经烟囱排出。每条烟道上都设有闸板，以控制每个排烟口的排烟量。这种排烟方式窑墙结构简单，但需要较多钢板。当烟气温度较高，特别是腐蚀性气体含量较高时，烟气直接进入烟道容易腐蚀管道，提高环境温度，易出碰撞或烫伤事故。

窑墙内烟道结构如图4-9所示，烟气进入两侧窑墙的排烟口，通过窑墙内的上升支烟道集中到窑墙上部的主烟道中，再由金属烟道经排烟机、烟囱排出。这种结构既无地下烟道，钢材用量也较少，窑体较美观，但窑墙结构较复杂。

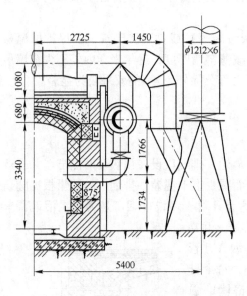

图 4-8　金属烟道结构

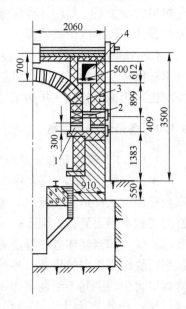

图 4-9　窑墙内烟道结构
1—排烟口；2—烟道闸板；3—上升
支烟道；4—主烟道

4.1.4.2　烧成带燃烧室的设置和结构

目前，绝大部分隧道窑采用侧墙燃烧室。燃烧室一般选用拱形。它一方面受高温火焰气体的辐射，另一方面要承受窑墙和窑顶的重力，在拱的尺寸和烧嘴的喷射角不相适应的情况下，还要受火焰喷射流股的冲刷，工作条件十分恶劣。所以，燃烧室拱的损坏常常是隧道窑大修的主要原因之一。因此必须选用合适的材料和设计合理的结构。

燃烧室的拱必须与窑墙厚度和流股的喷射角相适应。其尺寸最好大于喷射流股在窑墙内壁的断面尺寸,以免火焰直接冲刷拱顶或窑墙。在某些隧道窑内采用双层拱,上层拱承受窑墙及窑顶的重力,下层拱直接与火焰接触,起保护上层拱的作用。然而在实际设计过程中,上述原则不一定都能满足,燃烧室仍然是隧道窑的一个薄弱环节。

一般情况下,烧嘴中心线应靠近车台平面,因为火焰喷入窑内通常总向上漂浮,烧嘴设在底部有利温度分布均匀。侧烧窑上烧嘴的位置设在两窑车之间或者窑车中部。当设在窑车中部时,砖垛中间应留有横向火道。较高的窑,宜设计两排烧嘴,上、下交错布置。

4.1.4.3　烧成带一次空气送风装置

燃料燃烧所需的一次空气,一般由风机单独供给。也可用高温风机从冷却带抽出部分热空气送至各烧嘴,但抽出空气温度不能超过风机所能允许的使用温度。

当要求采用高温助燃空气时,可采用喷射器作为一次空气输送装置,如图4-10 所示。利用窑两侧的喷射器喷出高速气流而产生的负压自冷却带吸出热风,热风随高速气流经窑两侧气道送至每个烧嘴。高温隧道窑通常采用这种装置输送高温助燃风,其风温可达 900~1000℃。

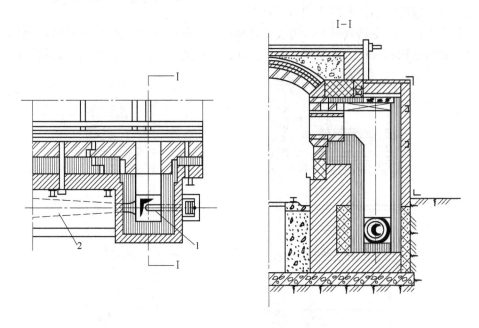

图 4-10　烧成带喷射气道结构

1—喷射器;2—喷射气道

4.1.4.4　冷却带抽热风装置

为使制品有效冷却,从冷却带鼓入的冷风量一般都比燃料燃烧所需的空气量要大，因此，热空气在进入烧成带之前要从窑内抽出一部分，抽热风装置如图4-11所示。为避免烧成带烟气向冷却带倒流，抽热风口位置不宜太靠近烧成带，一般应距烧成带最后一对烧嘴4～5个车位。

4.1.4.5 冷却带送风方式和装置

冷却带的送风方式有分散送风和集中送风两种形式。分散送风口分散在窑墙内侧，有时分为上下两排，其中一部分应设在窑车之间，以便使冷风能进入到中间火道以冷却砖垛中间的制品。集中送风口可设在窑顶和尾部窑门两侧，如图4-12所示。

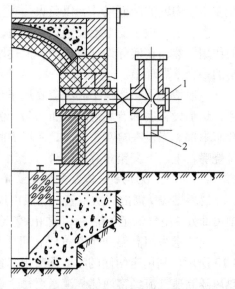

图 4-11　抽热风装置结构
1—抽热风装置；2—掺冷空气阀

在冷却带，由于气流速度不大，特别是横向速度更小，所以横向对流换热系数不大，因此冷却效果差。为改变这种情况，某些隧道窑在冷却带出口端窑顶上设置耐热轴流风机，迫使气流上下循环流动；或者在冷却带两侧窑墙设置特殊

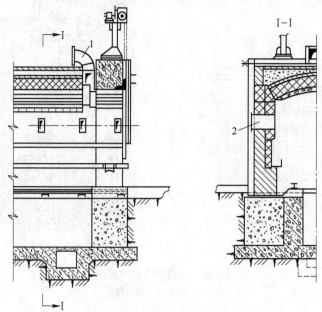

图 4-12　集中送风装置
1—窑顶送风装置；2—窑两侧送风口

的冷却风管,增加气流的横向流动速度,以提高冷却效果。陶瓷隧道窑由于工艺要求,往往还要在烧成带与冷却带之间设置急冷装置。

4.1.5 窑车和窑体的密封结构

窑车是隧道窑的重要组成部分之一,它构成了隧道窑的窑底。窑车结构和窑车衬砖材质的正确选择与砌筑,对于窑的正常运转及窑内的热工制度都有重要影响。

窑车结构大致如图 4-13 所示,车架可由型钢铆接或焊接而成,也可采用铸铁。前者制作较方便,但温度较高时易变形;后者整体性好,不易变形,但较脆。制作窑车时必须严格控制尺寸,使之与窑的尺寸相配合,特别是在长度方向上更应予以注意,因为一条窑内要放置数十辆窑车,每一辆窑车可能误差不大,但数十辆窑车的累积误差是相当可观的,易造成与窑长不相配合的事故。较为理想的状况是正负误差各占 50%,这样累计误差较小。

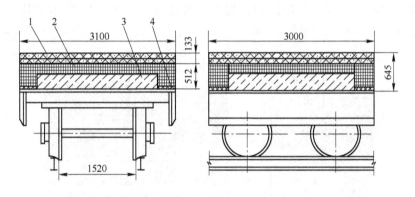

图 4-13 3.0m×3.1m 镁质制品窑车砌砖图
1—镁砖;2—二等高铝砖;3—轻质黏土砖($\rho = 1300kg/m^3$);4—黏土砖

窑车的衬砖不仅要承受砖垛的重力,还要承受高温及温度的周期性变化,因此所选用的材质在荷重软化温度、抗热震稳定性及高温体积稳定性方面都予以注意。目前窑车一般由耐火砖和轻质保温砖砌筑,也可采用耐火混凝土或耐火混凝土预制块。但工作层最好不用,因为一旦损坏难以修补。

窑车衬砖的材质选择,对窑内温度分布也有影响。窑车在窑内行进时先加热后冷却,窑车内温度分布在行进过程中一直变化着,因此属于不稳定传热。窑车在预热带不断加热,相当数量的热量蓄积于窑车中,该热量主要由预热带下部烟气供给,造成了沿窑断面上下温差。而在冷却带,窑车衬砖蓄积热量放出,使靠近车台平面部分温度升高,延长了冷却时间。因此在衬砖材质选择上,还应注意选用密度较小、热容量及导热系数较小的材料,以减少其蓄积热量及散热损失。

因此，应努力研制低蓄热窑车，如采用轻质材料（轻质耐火砖，轻质耐火混凝土和耐火纤维），立柱棚板结构（采用全耐火纤维做窑车衬料，制品装在立柱支撑的棚板上），空心砖或空心耐火混凝土预制块等（或空心结构中夹以轻质材料）。

窑车与窑墙之间的接缝是窑内外互相漏气的主要通道，如果密封不好，在预热带窑外的冷空气会大量漏入窑内，造成较大的上下温差；而在冷却带大量热空气又会漏到窑下，损坏窑车轴承及金属构件，提高窑底温度。

窑车与窑墙间密封结构包括砂封和曲封两部分。

砂封结构是在窑车两侧设插板，也称裙板。在窑墙下部设有砂封槽，槽内灌满砂子，插板埋入砂中即可起到砂封作用。由于窑车在移动过程中把部分窑砂带出，因此要不断补充窑砂。在窑墙上每隔一定距离设有加砂孔，窑砂可从加砂孔直接加入窑内的砂封槽中。插板应由铸铁制成，且可更换；如用钢板，易变形成为刮板，将窑砂刮出砂封槽外。

曲封结构即在窑车和窑墙上，砌筑一种凹进和凸出的结构，使它们互相咬合，增加窑内外漏气通道的阻力，其形式各种各样，图 4-14 所示为其中一种。窑车之间也常采用类似结构。

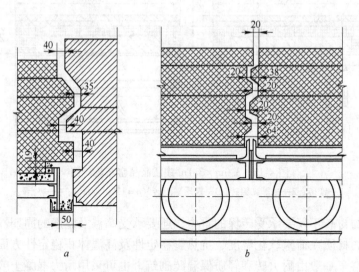

图 4-14　曲缝密封结构

a—窑体曲折封闭式结构；b—窑车上曲折封闭式结构

4.2　隧道窑的温度制度

4.2.1　制定合理的温度制度

合理而稳定的热工制度对所有热工设备都很重要。就隧道窑而言，其热工

（烧成）制度主要包括温度制度、压力制度和气氛制度。这些制度相互影响，且与窑车砖垛码放及推车制度等密切相关，其中温度制度是核心。从本质上看，其他各种制度都是为温度制度服务的。因此，制定并稳定隧道窑的温度制度，对稳定产品的产量和质量非常重要，其中烧成带的温度制度尤为重要。影响温度制度的因素很多，这些因素大致有两大类，一类为工艺方面的，诸如原料、品种、配方、加工工艺各过程直至半成品的强度、水分、形状等；另一类就是窑炉方面的，如结构，燃料种类及性能，空气过剩系数，燃烧室和烧嘴的结构，一、二次空气的比例及预热温度等。因此，在制定温度制度以前，必须对上述因素作详细地了解与分析，再参考制品的烧成实验报告和生产实践经验，才能制定出较理想的温度制度，再经过生产实践检验，做某些必要的修改，然后稳定之。一旦通过实践检验证明是较好的温度制度，就不能随意修改或调整。

　　在确定温度制度时，还必须考虑窑内不同部位砖垛温度的不均匀性。如实践表明，沿窑车前进方向气流温度分布的情况为：在预热带至烧成带最高烧成温度处（即坯体加热阶段），一般为前部高后部低、上部高下部低、中间高两边低，只是越接近最高烧成温度，其温度不均匀性就越小。但有时由于在预热带形成的温差太大，经烧成后仍有部分欠烧品。当制品进入冷却阶段后，由于窑车蓄热的影响，底部温度反而比上部高。就某砖垛而言，在升温阶段表面温度比中心温度高，在冷却阶段则相反。从一辆窑车来看，由于侧烧窑的烧嘴一般都安装在两窑之间，故其后部因受烧嘴的影响，温度升高，所以窑车上砖垛温度最低的部分大约在后偏前一点的中间部位。窑内制品的烧成曲线是其温度的具体反映。值得注意的是，实际烧成曲线会随测温部位不同而异（有测温车时看得最明显），故对某窑炉，应确定具有代表性的测温点。

　　当上述问题都充分考虑后，才能制定出较理想的烧成温度曲线，操作时应使实际烧成曲线与该理想曲线相吻合，但由于各种原因往往会有一定的误差。一般情况下，预热带温差较大，冷却带次之，烧成带较小。图 4-15 所示为 104m×2.2m×1.65m 黏土砖隧道窑温度和压力曲线。

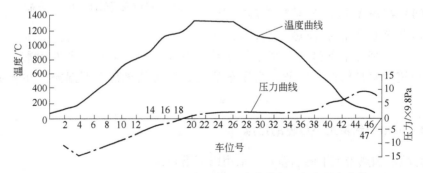

图 4-15　104m×2.2m×1.65m 黏土砖隧道窑温度和压力曲线

4.2.2　预热带温差形成的原因

理论研究与实际测量都表明，隧道窑中以预热带所产生的上下温度差最大，其原因较多，主要有如下几点：

（1）热气体的浮升力。窑内任一断面各处温度不可能均匀一致。而温度较高的气体在几何压头（习惯上称为浮升力）的作用下，便会自动上浮至顶部，较冷的气体便下沉至砖垛的下部，形成上下温差。

（2）负压形成的冷热气体分层。预热带通常处于负压区，外界冷空气在压强差的作用下，便会从窑体或窑车不严密处漏入窑内，而冷空气的密度较大，大多留在砖垛下部，较热的气体上升至顶部，形成冷热气体分层。

（3）砖垛码放不合理。窑内同一断面气体的热量分布为上多下少，故窑车码放砖垛时应上部密码下部稀码，但从砖垛的稳固性考虑，往往又不得不码放成上稀下密，同时砖垛与窑顶之间保持一定间距，造成较多热气流由上部空间通过，以至下部温度更低。

在上述因素的影响下，窑内气体便产生"偏流"。图 4-16 所示为隧道窑内预热带气体流速沿高度方向的分布情况。由图 4-16 可知，随温度的增加，气体流速增大；且超过砖垛高度后，气流速度突然增大，最大值可达到最低流速的 3 倍以上。因此，偏流的结果，导致下部气体流量减少，温度降低，上下温差加大。

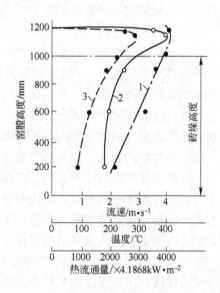

图 4-16　窑内气体的偏流
1—窑内气体的偏流；2—气流速度；
3—热流通量沿高度方向的分布

（4）窑车蓄热。在预热带窑车上的衬砖及金属件也需预热升温，其所需热量主要来自下部烟气。窑车蓄热量一般都较大，当窑车台面用重质耐火材料砌筑时更是如此，因此，窑车蓄热也是形成预热带上下温差的主要原因之一。

4.2.3　减小预热带上下温差的措施

为减小预热带上下的温差常，采用以下措施：

（1）窑底静压平衡。窑底静压平衡的方法是在窑车底部进行强制通风，在窑底通道内形成一条与窑内相近似的压力曲线，使窑的每个断面的上下压力大致平衡，相对压差很小（或为零），从而可以避免冷空气从预热带底部吸入窑内，也可以阻止冷却带和烧成带的热空气或火焰下窜，即可以阻止或减小窑内与窑底进行冷热交换，这是克服窑内温差的主要措施之一。模拟试验表明，对隧道窑采用分段抽、鼓风并设置多道挡板的窑底静压平衡措施是可取的。实际操作中，使窑底静压绝对值比同一断面窑内静压值略大一点（如 10Pa）更好，对窑底设置检查廊（新建窑炉一般不再设置）的隧道窑，则采用门形挡板将窑车与检查廊隔离，再安装一些垂直挡板，即可获得较好的效果，但挡板的数量与形状需根据具体的窑炉进行设计计算。

（2）采用高速调温烧嘴。高速烧嘴能调节二次空气量，使燃烧产物达到所需的温度。这样，可沿预热带长度方向设置较多的烧嘴，使其从车台平面处高速喷入窑内，由于气流喷入速度高，引起窑内气流激烈循环搅动，使砖垛上下、左右、前后和内外温度均匀，并使对流传热系数大为增加，达到快速烧成之目的。目前，国外隧道窑多采用这种烧嘴，效果良好。

（3）采用低蓄热窑车。低蓄热窑车可最大限度地降低窑车蓄热量，使烟气的热量主要用于加热砖坯，以减少上下温差。同时还可使制品在冷却带加快冷却，有利于快速烧成。研究表明，用陶瓷纤维做车衬填料，可比传统窑车减少25%的蓄热量，可降低燃耗 10% ~ 15%。不过，低蓄热窑车存在的问题较多，较为突出的是其热行为及高温结构强度等。

（4）改进窑体结构，加强窑体密封。目前，倾向于建造短、宽、矮的隧道窑，这样可使预热带负压绝对值减小，矮窑的上下温差相对较小，但这种改进毕竟是有限的。

采用全封闭窑门、密封窑体一切应封闭的孔洞的办法，以减少窑内外冷热气流的热交换，对减少窑内上下温差显然是有利的；但条件是还应在窑的前后各设置一个预备室，以尽可能减少因推车时开启窑门对窑内温度及压力制度的影响，而全密闭措施应与窑底静压平衡相配合，否则当窑底温度过高时会烧坏窑车。

（5）窑内横向循环。在预热带某些部位的窑墙和窑顶内砌筑夹层通道，如图 4-17a 所示，在窑墙顶部安装耐热风机 1，当风机运行时，将隧道窑顶部的热气体通过窑顶小孔 4 抽入窑顶通道 3 中，再通过窑墙通道 2 送入砖垛下部，造成窑内气流的上下循环运动。也可在预热带窑墙适当部位的上部对称或交错设置几只简易喷射器，如图 4-17b 所示，用压缩空气作喷射介质，利用其从喷射管高速喷出后产生的负压，将窑内砖垛下部烟气经窑墙内的引射烟道引至窑内，使窑内气流上下循环，从而减少上下温差。其效果取决于气流循环量的大小，愈大则效果愈好，但造成窑内气体的能量损失也愈大。此外，喷射器的设计与安装也很

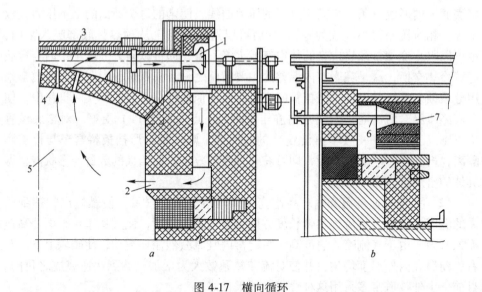

图 4-17　横向循环

a—窑墙和窑顶内砌筑夹层通道；b—预热带窑墙设置简易喷射器

1—耐热风机；2—窑墙通道；3—窑顶通道；4—窑顶小孔；5—窑内空间；6—喷射器；7—引射烟道

重要，否则也会影响其效果。这种装置比耐热风机的效果好，且可在较高温度下使用。

（6）设置窑顶气幕。窑顶气幕结构如图 4-18 所示。具有一定压强的气体从气幕管进入气幕内的喷射通道，与窑内气流成一定角度喷出，在顶部形成一道道气幕，增加顶部气流的阻力，迫使部分热气体向下流动，改变窑内气流的速度分布，以达到均匀窑温的目的。模拟试验表明，气幕应配合窑底静压平衡使用，并注意温度的调整。但气幕使窑顶结构较为复杂，窑内气流能量损失也相应增大。

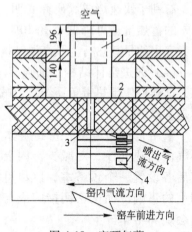

图 4-18　窑顶气幕

1—气幕管；2—气幕砖；3—气幕砖通道；4—气幕砖喷出口

4.3　隧道窑压力制度

4.3.1　窑内压力制度的形成

隧道窑内气流情况甚为复杂，有鼓入的冷空气、抽出的热风、送入的燃料及一次空气、抽出的烟气以及为克服预热带上下温差所采用的循环气流，此外还有热气体的漏出及冷空气的吸入等。诸多气流综合作用的结果，在沿隧道长度方向上形成一定的静压强分布，即形成隧道窑的压力制度。

在隧道窑内凡有送风处形成正压，抽风处形成负压。在冷却带向窑内通入大量冷空气，形成正压；在烧成带送入燃料及一次空气，形成微正压（燃煤隧道窑则形成微负压）；预热带由排烟机（或烟囱）抽出窑内烟气而呈负压。沿窑内方向（从窑头向窑尾）由负压过渡到正压，其间必然有一处内外压强相等（表压为零），此位置称为零压位。

由气体力学原理可知，零压是指某一高度上，系统内外的压强相等，若系统内的压强大于外界压强，则表压为正，反之表压为负。就隧道窑而言，沿长度方向每个车位静压强值均不同。如烧成带虽上部正压大，下部正压小，但均呈正压；预热带虽上部负压小，下部负压大，但均呈负压；只有在烧成带与预热带交界的一段距离内，中上部为微正压，下部为零压；或上部为微正压，中部为零压，下部为负压；或上部为零压，中下部为负压。在这段长度上可以画出一条倾斜的零压线，下部零压偏于烧成带，上部零压偏于预热带。这样，在隧道窑长度方向上零压不止一个，而生产中实际控制的只能为一个，即为预热、烧成带之间下面看火孔的零压点为所要控制的零压位。

还应指出的是，冷却带虽通入大量冷空气，但还要抽出一部分热风，抽热风处的局部压强有所下降；烧成带虽送入燃料及一次空气，但也有热空气通过窑车、孔洞等不严密处漏出；预热带虽以排烟为主，但在有气体循环和气幕处将使静压强有所增加，因此，隧道窑压力制度是受诸多因素所控制的。黏土砖隧道窑较为典型的压力曲线如图 4-15 所示。

4.3.2 压力制度对温度制度的影响

窑内压力制度的确定，对保证温度制度的稳定、燃料消耗量的降低、砖垛截面烧成的均匀性以及减少漏气、改善操作条件等方面都具有重要意义。如烧成带必须控制微正压，因为如果烧成带处于较大的正压区（零压位在预热带），则会有较多的热气体从窑车的不严密处漏出，造成较大的热量损失，提高环境温度，容易烧坏窑车；反之，如果烧成带处于较大的负压（零压位接近冷却带）。则有较多的冷空气漏入窑内，破坏了窑内的热工制度。如自然排烟燃煤隧道窑，由于烧成带必须维持微负压操作，才能使助燃空气由炉箅下吸入，则预热带负压偏大，漏入冷风较多，造成气体分层，上下温差增大，烧成时间必须延长，导致燃耗增高，这种窑炉应该淘汰。

4.3.3 压力制度的调整

在生产实践中，窑内各种因素不可能一成不变，如各种气体的流量、压强的变化、推车时间间隔、装窑密度及方式的改变都会使窑内的静压强分布发生变化，如不及时调整，就会影响全窑的温度制度。实际操作时，压力制度常以调整全窑的零压位位置为依据。正常情况下，零压位应处于预热带与烧成带交界面处。

零压位位置与燃烧设备的类型、通风与抽风位置、风压、风量的大小及喷出速度、砖垛码法等因素有关。

在生产实践中，压力制度的调整主要是通过调节烟道闸板来调整窑内零压位置。这是因为在通常情况下，排烟机或烟囱所形成的压力可视为常数，由于气体在窑内和烟道内的几何压头与动压头都相差不大，零压位的压强主要取决于气流的能量损失，而能量损失最主要为烟道闸板所造成的局部能量损失，故可用调节烟道闸板来调节零压位置。提起闸板，能量损失减少，抽力加大，零压位将向冷却带方向移动；反之，若降低闸板，能量损失加大，抽力减小，零压位向预热带方向移动，从而可使零压位始终保持在某一预定位置。

当然，隧道窑的压力制度除了控制零压位外，还要考虑窑内冷却带正压和预热带负压绝对值的大小，即压力曲线的斜率。生产实践中常希望此斜率较小，压力制度比较平缓，使窑炉接近于零压状态下操作，这样，漏出和吸入窑内的气体量都较少，有利于生产。在需要提高窑的产量、必须采用大抽力操作时，应尽可能采用窑底静压平衡，以减少漏气。

4.4 隧道窑的码垛原理

隧道窑窑车上的砖垛码放得好坏，对窑内压力制度、气流分布、传热面积大小等有很大影响，而码垛的稳定性是保证隧道窑正常生产的必要前提。

4.4.1 码垛的稳定性

窑车在前进过程中要承受推车机的推力作用和砂封的摩擦力作用，加之轨道安装上的误差及窑车变形等因素的影响，窑车在运行过程中常有一定程度的晃动，因而要求窑车上的砖垛（或料垛）必须稳固，否则容易发生倒垛事故，影响正常生产。

为了保证窑车上的砖垛有足够的稳定性，码垛时除保证砖坯有足够的强度外，还必须做到"平、稳、直"。"平"即窑车平面与各层砖坯（或匣钵）之间必须平整，以免歪斜，故码垛时常撒少量窑砂。窑砂种类因砖种不同而异。如硅酸盐类制品可用 0~2mm 石英砂或谷壳；镁质制品可用 0~2mm 铬矿砂、铝矿砂或废镁铬砂等。撒少量窑砂还可防止坯体在烧成过程中彼此发生黏结。"稳"是指每一块砖、每一列砖和每一垛砖（或匣钵）都必须码放稳固。"直"是指砖垛上下、前后都必须码直，使各窑车砖垛成为一条直线，每条纵向火道首尾相连，以保证气流通道畅通。

在实际生产中，砖型较多，为保证砖垛的稳固，异型砖通常应码放在上部，下部为标普型，故这些砖型应有一定比例，否则会给码垛操作带来困难。

4.4.2 砖垛阻力

如前所述，隧道窑内的砖垛阻力通常都取经验值，但要准确计算或进行研究就要通过模拟实验加以确定。

根据流体力学相似原理，用水力模型和空气动力模型来模拟窑炉系统的复杂管路或砖垛阻力系数，首先要几何条件相似，起始和边界条件相似，并维持动力相似。在隧道窑中气流呈湍流状态，因而只要维持模型与窑炉的雷诺准数 Re 相等即可。而当雷诺准数相等时，另一个非决定性准数欧拉准数 Eu 必相等。

$$Eu = f(Re) \tag{4-9}$$

即

$$\frac{\Delta p}{\rho u^2} = f\left(\frac{\rho d u}{\mu}\right)$$

式中　Δp——流体流动过程的压力降，用于克服能量损失，Pa；

　　　u——流体速度，m/s；

　　　ρ——流体密度，kg/m³；

　　　d——通道当量直径，m；

　　　μ——流体动力黏度，Pa·s。

气体通过砖垛的能量损失 h_{ld}

$$h_{ld} = K_d \frac{\rho u^2}{2}$$

$$K_d = \frac{2h_l}{\rho u^2} = \frac{2\Delta p}{\rho u^2} = 2Eu \tag{4-10}$$

即局部阻力系数 K_d 为欧拉准数的 2 倍。利用模型试验，求出欧拉准数，即可确定通过砖垛的局部阻力系数。

例：用水力模型模拟隧道窑，求预热带中一段的局部阻力系数。模型与隧道窑及砖垛几何相似，其尺寸为隧道窑的 $\frac{1}{10}$，并维持初始与边界条件相似。已知窑内气流速度为 1m/s，该窑内气体平均温度为 500℃。

解：要模拟与隧道窑相似，必须维持二者的雷诺准数相等。

$$Re = Re'$$

$$\frac{\rho d u}{\mu} = \frac{\rho' d' u'}{\mu'}$$

水在 20℃ 时的动力黏度 $\mu = 1000 \times 10^{-6} \text{Pa} \cdot \text{s}$

水的密度 $\rho = 1000 \text{kg/m}^3$

烟气在 500℃ 时的密度

$$\rho' = \rho_0 \frac{T_0}{t' + T_0} = 1.3 \times \frac{273}{500 + 273} = 0.459 \text{kg/m}^3$$

烟气在 500℃ 时的动力黏度

$$\mu' = 33.64 \times 10^{-6}$$

$$u = u' \frac{\mu}{\mu'} \cdot \frac{d'}{d} \cdot \frac{\rho'}{\rho} = 1.0 \times \frac{1000 \times 10^{-6}}{33.64 \times 10^{-6}} \times \frac{10}{1} \times \frac{0.459}{1000} = 0.136 \text{m/s}$$

只有当模型中的水的流速为 0.136m/s 时, 才能保证与窑内流体动力相似。此时通过模型试验, 当其流速为 0.136m/s 时, 静压降 $\Delta p = 1000 \text{Pa}$

$$Eu = \frac{\Delta p}{\rho u^2} = \frac{1000}{1000 \times 0.136^2} = 54.07$$

局部阻力系数 $K_d = 2Eu = 2 \times 54.07 = 108.14$

该段能量损失

$$h_{ld} = K_d \frac{\rho u^2}{2} = 108.14 \times \frac{0.459 \times 1^2}{2} = 24.82 \text{Pa}$$

4.4.3 砖垛通道当量直径对气体流速和流量的影响

当采用不同装砖图时, 砖垛与窑墙、窑顶之间的空隙所形成的当量直径与各通道的当量直径各不相同, 这就影响了气流分布及窑车上砖坯加热的均匀性。

气体通过每一条通道, 其能量损失可表示为

$$h_{l1} = \lambda \frac{\rho u_1^2}{2} \cdot \frac{l_1}{d_1}$$

$$h_{l2} = \lambda \frac{\rho u_2^2}{2} \cdot \frac{l_2}{d_2}$$

$$h_{ln} = \lambda \frac{\rho u_n^2}{2} \cdot \frac{l_n}{d_n}$$

对于每米长砖垛中的各条通道, 可以认为其长度相等, 且能量损失相等

$$l_1 = l_2 = \cdots = l_n$$

$$h_{l1} = h_{l2} = \cdots = h_{ln}$$

则
$$\frac{u_1^2}{d_1} = \frac{u_2^2}{d_2} = \cdots = \frac{u_n^2}{d_n}$$

$$\frac{u_1}{u_2} = \frac{\sqrt{d_1}}{\sqrt{d_2}} = \left(\frac{d_1}{d_2}\right)^{0.5} \tag{4-11}$$

即通道中气体流速与该通道当量直径的 0.5 次方成正比。通道当量直径越大，流速也越大。

又因为流量
$$q_V = u\frac{\pi d^2}{4}$$

则
$$\frac{q_{V1}}{q_{V2}} = \frac{u_1 d_1^2}{u_2 d_2^2} = \frac{d_1^{2.5}}{d_2^{2.5}} \tag{4-12}$$

由式（4-12）可以看出，各通道的气体流量与当量直径 d 的 2.5 次方成正比。通道越大，则其流量越大。所以为了对砖垛均匀加热，在制定装砖图时应力求使气流合理分布。

4.4.4 砖垛通道当量直径对传热的影响

热气体在砖垛通道内流动，其对流传热系数随砖垛的码法不同而变化。可以采用模型实验来确定努赛特准数 Nu 和雷诺准数 Re 之间的关系，以求得对流传热系数 h 之值。

$$Nu = f(Re)$$

或
$$\frac{hd}{\lambda} = n\left(\frac{\rho d u}{\mu}\right)^{\alpha}$$

$$h = \frac{n\lambda\rho^{\alpha}}{\mu^{\alpha}} \cdot \frac{u^{\alpha}}{d^{1-\alpha}} = n' \cdot \frac{u^{\alpha}}{d^{1-\alpha}} \tag{4-13}$$

系数 n' 与指数 α 因码垛法不同而异，根据现有条件，α 值在 0.5～0.8 之间，一般取 0.8，则式（4-13）又可写成

$$h = n' \cdot \frac{u^{0.8}}{d^{0.2}} \tag{4-14}$$

h 与流速的 0.8 次方成正比
对于两个砖垛则有

$$\frac{h_1}{h_2} = \left(\frac{u_1}{u_2}\right)^{0.8}\left(\frac{d_1}{d_2}\right)^{0.2}$$

又根据式(4-11)
$$\frac{u_1}{u_2} = \left(\frac{d_1}{d_2}\right)^{0.5}$$

则
$$\frac{h_1}{h_2} = \left(\frac{d_1}{d_2}\right)^{0.4}\left(\frac{d_2}{d_1}\right)^{0.2}$$

$$\frac{h_1}{h_2} = \left(\frac{d_1}{d_2}\right)^{0.2} \tag{4-15}$$

即砖垛通道当量直径越大，对流传热系数越大。故适当稀码有利于对流热交换。

在砖垛通道中，高温热气体与制品之间还同时进行着辐射热交换。而气体辐射与辐射层厚度（有效平均射线长度）L 有关。

$$L = 0.9 \times \frac{4V}{S}$$

$$= 0.9 \times \frac{4 \times 通道截面积 \times 长度}{通道周边 \times 长度}$$

$$= 0.9 \times \frac{4 \times 通道截面积}{通道周边}$$

$$= 0.9d \tag{4-16}$$

式中　d——砖垛通道当量直径，m；

　　　V——砖垛通道的体积，m^3。

可以认为，气体辐射层厚度 L 接近于通道当量直径 d。

随着砖垛通道加大，气体辐射层厚度增加，气体的厚度及辐射能力也随之增大。

4.4.5　码垛的技术操作

4.4.5.1　装砖密度

装砖密度通常指单位体积内的装砖量，实际上这是一个综合性指标。它反映砖垛的阻力状况和传热情况。装砖密度小，砖垛的阻力一般较小，通风条件好。同时辐射层的厚度大，有利于气体辐射，但装砖密度太小则影响装砖量，降低产量，故应适当。

实际生产中各窑车的装砖密度不宜变化太大。因为一定的装砖密度是和一定的烧成制度相配合的。装砖量少的窑车，由于消耗的热量较少，应采用较低的烧成温度或缩短推车时间，否则容易产生过烧。反之，装砖量大的窑车则应提高烧成温度或延长保温时间。因此砖垛大幅度的经常变化会造成隧道窑热工制度的混乱，不利于生产。

4.4.5.2　码垛的传热面积

码垛的传热面积是指暴露在外面与气流进行热交换的面积，它用每立方米砖垛内的传热面积或每立方米砖垛内传热面积占砖垛总面积的百分数来表示。显然，传热面积越大，对烧成越有利。但是不同传热面方向上的传热速率不同。由于隧道窑内横向气流速度很小，主要为自然对流传热，所以纵向（沿窑长方向）表面的对流传热系数比横向表面（垂直窑长方向）大。因此，增加纵向表面积更有利于提高传热效果。

4.4.5.3 外内通道比 K 值

在隧道窑中大部分气体易从靠近窑墙、窑顶的周边通道流过，造成砖垛内外温度不均。为此在装窑时应适当缩小周边的通道。另一方面又要考虑周边通道散热多，受冷空气漏入（负压区）的影响大，因此其截面积应比砖垛内部通道截面积大一些，考虑到这两方面的因素，内外通道应有一个合适的比例。通常用外通道截面积 A_0 与内通道截面积 A_i 的比值 K 作为控制指标，即

$$K = \frac{A_0}{A_i} \qquad (4\text{-}17)$$

式中　A_0——砖垛与窑墙、窑顶构成的外通道截面积，m^2；

　　　　A_i——砖垛间纵向通道（内通道）截面积之和，m^2。

K 值一般要大于 1，其参考数据如下：

烧成黏土砖、硅砖，K 值一般取 1.3 ~ 1.6；

烧成高铝质、镁质制品，K 值为 1.3 ~ 1.4。

4.4.5.4 m 值

如前所述，适当稀码有利于对流热交换。因为当总流量不变时，砖垛孔隙当量直径大，气体流速、流量也随之加大，传热情况得以改善。但若将所有通道当量直径都同时加大，即意味着装砖量减少，产量也降低，随之变化的是燃料量及一二次空气量也相应减少，窑内气体总量随之下降，而通道面积加大，每条通道的流量必然减少，反而不利于传热，故只能适当稀码，并非愈稀愈好。为此必须确定一个适当的通道断面积，通常用此面积与窑横断面积之比 m 值来表示。

$$m = \frac{A'}{A} \times 100\% \qquad (4\text{-}18)$$

式中　A'——纵向通道（外内通道）截面积之和，m^2；

　　　　A——窑的横截面积，m^2。

m 值参考数据如下：

烧成黏土砖、硅砖时，m 值一般取 30% ~ 35%；

烧成高铝质、镁质制品时，m 值可取 40% ~ 50%。

显然，由于码垛（装砖）图随品种不同经常变化，m 值也要在某一范围内

变化，为保证制品质量均匀，即令上述参数不变化，还要注意应尽可能将砖垛码放成上密下稀（在保证砖垛稳固的情况下），以尽量减少上下温差。

在通道总面积相同的条件下，可以采用通道数量较多但当量直径较小的"多垛"码法，也可采用通道数量较少、当量直径较大的"少垛"码法。前者换热面积大，传热速率较快，有利于提高砖垛中心部位的温度，但窑内气流阻力较大；后者阻力较小，但传热面积也较小。

每块砖的码放形式对窑内传热有很大影响。其形式分为侧装、平装和立装。标普型砖（制品）一般采用侧装形式，每块砖之间都留有 10mm 左右的指缝；对荷重软化温度接近其烧成温度的制品（如镁砖等），一般采用平装；对荷重软化温度比烧成温度高得多的制品（如硅砖等）亦可采用立装。显然，侧装和立装有利于传热，平装最稳固，但传热面积小，砖垛中心温度与其表面温差较大。

总之，一个合理的码垛方案需要综合考虑各方面的因素，然后绘制码垛图（装砖图），计算出相应的 m 值、K 值，并通过生产实践来检验正确与否。至于具体码垛图，则因烧成品种不同而不同。图 4-19 所示为某硅砖隧道窑窑车装砖图的一种形式。

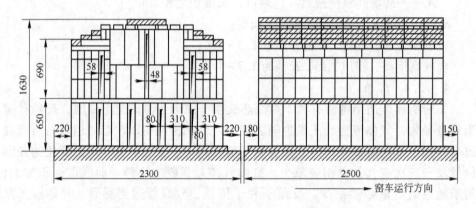

图 4-19　某硅砖隧道窑 2.5m × 2.3m 窑车装砖图

4.5　隧道窑的热平衡

隧道窑热平衡就是要对进出隧道窑的热量进行计算。根据所规定的范围不同，隧道窑热平衡包括预热带、烧成带热平衡、冷却带热平衡及全窑热平衡。

4.5.1　预热带、烧成带热平衡

预热带、烧成带热平衡，不仅能求出单位产品的燃料消耗量，还可以从热平衡的各个项目中分析窑的工作系统、结构等各方面是否合理，主要热耗为哪几

项，采用何种改进措施等。

做热平衡计算之前，先需要确定计算基准。对于耐火材料工业隧道窑目前规定为：温度以0℃为基准，热平衡计算单位为单位质量出窑制品的热量，即kJ/kg。

其次是要确定热平衡计算范围，当需要计算燃料消耗量时，其范围应为预热带和烧成带，不包括冷却带。

此外，为了防止将热收入和热支出的项目遗漏，常用一个方框图将热平衡计算范围内所有热支出和热收入项目表示出来。

不同类型的窑炉，其热平衡图中的收入与支出项目有一定差异，故无法列出统一的热平衡方框图，图4-20为其中的一种。

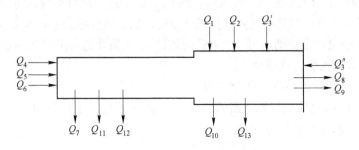

图 4-20　预热带、烧成带热平衡

4.5.1.1　热量收入部分

热量收入包括以下几个方面：

（1）燃料化学热 Q_1：

$$Q_1 = BQ_{\text{net,ar}}$$

式中　B——单位制品燃料消耗量，kg/kg 或 m^3/kg；

　　$Q_{\text{net,ar}}$——燃料的低位热值，kJ/kg 或 kJ/m^3。

（2）燃料显热（物理热） Q_2：

$$Q_2 = Bc_2t_2$$

式中　c_2——燃料的比热容，$kJ/(kg \cdot ℃)$ 或 $kJ/(m^3 \cdot ℃)$；

　　t_2——燃料入窑时的平均温度，℃。

（3）助燃空气的显热 Q_3。

$$Q_3 = Q_3' + Q_3'' \quad Q_3' = L_\alpha BKc_3't_3' \quad Q_3'' = L_\alpha B(1 - K)c_3''t_3''$$

式中　Q_3'，Q_3''——分别为一次空气、二次空气带入显热，kJ/h；

　　L_α——实际空气消耗量（标态），m^3/kg 或 m^3/m^3；

　　c_3'，c_3''——分别为一次空气、二次空气的比热容，$kJ/(m^3 \cdot ℃)$；

　　K——一次空气量的体积分数，%；

　　t_3'，t_3''——分别为一次空气、二次空气的平均温度，℃。

(4) 入窑坯体带入的显热 Q_4 ：

$$Q_4 = G_4(1 - W_r)c_4't_4 + G_4W_rc_4''t_4$$

式中 G_4——入窑时含 1kg 干砖坯的湿坯质量，kg/kg；

      W_r——入窑湿砖坯所含的相对水分，%；

      t_4——入窑砖坯平均温度，℃；

   c_4'，c_4''——分别表示干砖坯及水分的比热容，kJ/(kg·℃)。

(5) 窑车衬砖及金属件带入显热 Q_5。由于窑车衬砖一般均由多层不同材质构成，且各层温度各异，故计算时应分别计算之，然后求其和。

(6) 预热带吸入常温空气带入的显热 Q_6。由于这一部分的吸入量一般难以直接测定，常取烟气出口处的气体进行成分分析，然后通过相应公式求出该处的空气过剩系数（新设计窑炉则选用一个合适的数值），再算出这部分空气的显热。

4.5.1.2 热量支出部分

热量支出部分包括以下几个方面：

(1) 坯体物化反应过程所需的热量 Q_7。Q_7 一般包括下列三项：

1) 自由水蒸发耗热 Q_7'：

$$Q_7' = G_7W_r(2490 + 1.93t_7)$$

式中 G_7——入窑湿砖坯质量，kg/kg，$G_7 = G_4$；

      W_r——入窑湿砖坯相对水分，%；

   2490——0℃、1kg 水蒸发所需热量，kJ/kg；

   1.93——烟气离窑时水蒸气平均比热容，kJ/(kg·℃)；

      t_7——烟气离窑平均时温度，℃。

2) 结构水脱水吸热 Q_7''：

$$Q_7'' = G_7(1 - W_r)K_1q$$

式中 K_1——砖坯中结构水的质量分数，%；

      q——砖坯中结构水脱水吸收热量，kJ/kg；如高岭石中结构水脱水吸热

          为 6700kJ/kg。

3) 其他物化反应吸热 Q_7'''。Q_7''' 可由有关参考文献查出，但一般耐火砖坯及陶瓷坯件中，这部分吸热不大，可忽略不计。故

$$Q_7 = Q_7' + Q_7'' + Q_7'''$$

(2) 制品出烧成带带出的显热 Q_8：

$$Q_8 = G_8c_8t_8$$

式中 G_8——出烧成带制品的质量，kg/kg；

$$G_8 = G_4(1 - W_r)(1 - K_2)$$

K_2——砖坯灼减,%;

c_8——出烧成带制品比热容,kJ/(kg·℃);

t_8——出烧成带制品平均温度,℃。

(3) 窑车衬砖及金属构件出烧成带时带出的显热 Q_9。Q_9 的计算方法与 Q_5 基本相同,但由于窑车在窑内行进时的传热为不稳定传热,温度场随时间发生变化。因此,需按不稳定传热进行计算,一般采用数值计算方法求解。

(4) 窑体散热损失 Q_{10}。计算 Q_{10} 时将窑体分为若干区段,按设计的外表面平均温度代入相应的计算式(按稳定综合传热)中计算之,再求其该段带的散热总量。

(5) 出窑烟气带走的热量 Q_{11}。计算 Q_{11} 时,该处的空气过剩系数应为烟气出口处之值,即与 Q_6 中的系数一致。

(6) 燃料不完全燃烧热损失 Q_{12}。按烟气成分分析中的可燃气体含量分别计算各可燃成分的热损失,再汇总。

(7) 窑体开孔(洞)辐射及向窑外漏气的热损失 Q_{13}。按各有关公式计算后汇总。

4.5.1.3 热平衡方程

根据上述分析预热、烧成带热量收支平衡即可用式(4-19)表示,并可列出相应的热平衡表,算出各自的百分比。

$$Q_1 + Q_2 + Q_3 + Q_4 + Q_5 + Q_6 = Q_7 + Q_8 + Q_9 + Q_{10} + Q_{11} + Q_{12} + Q_{13}$$

$$(4\text{-}19)$$

式(4-19)中,只有燃料消耗量 B 为未知量,故通过此式即可求出 B。但在针对某一具体窑炉进行上述热平衡计算时,可根据实际情况增减某些项目。如当窑车上有架砖或匣钵时,应增减其带入、带出的显热;当以重油为燃料时,应增加雾化剂带入的显热;当窑体密封良好时,可忽略漏入、漏出气体带入或带出的热量等。

4.5.2 冷却带热平衡计算

冷却带热平衡计算方法与预热、烧成带计算方法相同。其计算热平衡区域仅为冷却带。热平衡计算项目也因窑而异。图 4-21 为常见的一种冷却带热平衡方框图。

4.5.2.1 热量收入部分

冷却带热量收入部分包括以下几个方面:

(1) 烧成带制品带入显热 $Q_{14} = Q_8$。

(2) 窑车衬砖及金属件带入显热 $Q_{15} = Q_9$。

(3) 冷却制品用空气带入的显热 Q_{16}。

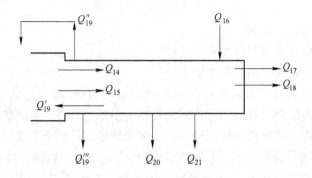

图 4-21 冷却带热平衡方框图

$$Q_{16} = V_{16}c_{16}t_{16}$$

式中　V_{16}——入窑空气量，待求值，m^3/kg；

　　　c_{16}——入窑空气比热容，$kJ/(kg \cdot \text{℃})$；

　　　t_{16}——入窑空气温度，℃。

4.5.2.2　热量支出部分：

冷却带热量支出部分包括以下几个方面：

（1）出窑制品带走显热 Q_{17}。计算方法同 Q_8。

（2）出窑窑车衬砖及金属件带出的热量 Q_{18}。Q_{18} 计算方法同 Q_9。

（3）热空气从冷却带带走的热量 Q_{19}。Q_{19} 与助燃用一、二次空气及抽出的多余热风所带走的显热有关，因其各自温度、流量及比热容均不相同，故应分别计算，并分别用 Q'_{19}、Q''_{19}、Q'''_{19} 表示，再计算总和 Q_{19}，即 $Q_{19} = Q'_{19} + Q''_{19} + Q'''_{19}$。

（4）窑体散热损失 Q_{20}。Q_{20} 计算方法同 Q_{10}（只计算冷却带）。

（5）开孔（洞）辐射及漏气热损失 Q_{21} 计算方法同 Q_{13}。

4.5.2.3　热平衡方程

冷却带热平衡即可用式（4-20）表示，并可列出相应的热平衡表，算出各项百分比。

$$Q_{14} + Q_{15} + Q_{16} = Q_{17} + Q_{18} + Q_{19} + Q_{20} + Q_{21} \tag{4-20}$$

通过式（4-20）可计算出 Q_{16}，从而进一步计算入窑空气量 V_{16}。

4.5.3　全窑热平衡及热效率

将预热、烧成带和冷却带热平衡联合起来，即为全窑热平衡，式（4-21）为全窑热平衡方程。图 4-22 为全窑热平衡方框图。

$$Q_1 + Q_2 + Q_4 + Q_5 + Q_6 + Q_{16} = Q_7 + Q_{11} + Q_{12} + Q_{17} + Q_{18} + (Q_{10} + Q_{20})$$
$$+ (Q_{13} + Q_{21}) + Q'''_{19} \tag{4-21}$$

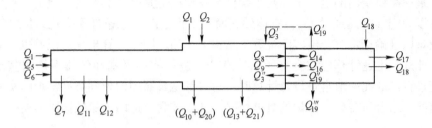

图 4-22 全窑热平衡方框图

也可将上述热平衡列成相应的表格，并算出各项的百分比。设计时仅需列出加热和冷却阶段的热平衡。当对生产窑炉进行热平衡测定与计算时，就需列出全窑热平衡。因为这样可以正确评价隧道窑的热利用水平，检查各项热经济指标，以便调整各有关参数，改进窑炉结构，提高窑炉热效率，并为改进旧窑炉、设计新窑炉、编制节能规划等提供依据。

隧道窑的热效率是指它烧成制品所消耗的有效热量与所供给的热量之比。所谓"有效热量"，在国标（GB 2588—1981）中规定：系指达到工艺要求时理论上所必须消耗的热量。对于一般制品，有效热量应包括如下三部分：一是将制品从入窑温度加热到最高烧成温度所需要的热量；二是坯体中物理水加热及汽化耗热量；三是坯体中结晶水脱水所消耗的热量。如果坯体在烧成过程中尚有其他物化反应发生，且需吸热（如放热则应计入收入部分），则这部分热量也应为有效热量。至于供给隧道窑的热量，则应根据燃料状况及燃烧方式而定，一般应包括燃料的低位热值（主要热源）、燃料所带入的显热、助燃空气所带入的显热（非窑内循环部分），如系重油之类，还应包括雾化剂所带入的显热等。只要将上述各项计算出来，然后将所有有效热量与所有供给的热量相除，再将此比值乘以100%，即得该窑的热效率。如果坯体码放时需用架砖垛或匣钵，则计算时应分别注明无架砖（或匣钵）和包括架砖（或匣钵）在内的热效率。

为了提高窑炉热效率，应当尽量减少各种热损失。要充分利用由冷却带抽出的多余热空气及预热带排出烟气的热量，为此可设置各种类型的热交换装置；选用隔热炉衬尽量减少通过窑墙、窑顶的散热损失；如若采用高强隔热轻质砖作为内衬，则能耗可降低 20% ~ 30% 或更高；合理地选用燃料并组织好燃烧过程，则可提高窑内温度，减少由于不完全燃烧造成的热损失。当选用高速烧嘴，并取消侧墙预烧室将烧嘴直接插入窑墙内部，燃料和空气流股从烧嘴中迅速喷出，迅速混合燃烧，形成高速流股喷入窑内，不仅可以获得完全燃烧，还可以增强热交换过程；此外还应采用先进的技术控制窑炉操作，主要是用电子计算机进行窑炉热工计算与自动控制，这是现代热工技术发展的重要方面。

　　最后需要指出的是：上述热平衡计算在理论上是完全必要的，但由于有关参数难以确定（如漏风量等），窑体外表面温度也会随气象条件而变化，加之有些系数难以准确选定等，给实际计算带来很大不便，即使计算出来，误差也可能较大。此外，上述计算应在全窑（或某段带）进行物料平衡和气体平衡的基础上才能进行。故在一般窑炉设计计算时，通常都是参照国内外同类型窑炉的实际运行情况，结合所需设计窑炉的具体情况，选取较为合适的经验数据更为便捷。

4.6　高温隧道窑

　　关于高温隧道窑，目前尚无统一的划分标准。一般是将烧成温度为 1550（或 1600℃）~1750℃（或 1800℃）的隧道窑称为高温隧道窑，超过这一温度的称为超高温隧道窑。它主要用于烧成直接结合碱性砖、刚玉制品、特种陶瓷等。由于其用途不同，结构也不尽相同。表 4-3 列出了部分高温隧道窑的规格及用途。由表 4-3 可知，由于烧成品种和产量的不同，其长、宽、高有很大的差异。

表 4-3　部分高温隧道窑

序号	烧嘴数 /只	烧成温度 /℃	长度/m				宽 /m	高 /m	窑车长 /m	烧成 品种	产量 /t·d⁻¹
			预热带	烧成带	冷却带	总长					
1		1800				58	约3	约1		直接结合镁砖	60
2	14	1850		23.70	16.25	59.95	1.20	1.026	1.81	直接结合碱性砖	10
3	22	1900	23.5	23.1	43.0	89.6	1.25	0.92	1.81	焦油白云石砖	21
4	12	1800				30.5	0.56	0.70	1.2	特种陶瓷	1.68
5	10	1750				156	3.2	0.75	3.00	方镁石尖晶石制品	

　　用于焙烧碱性制品高温隧道窑的高度通常为 1m 左右。与普通隧道窑一样，窑的高度也是与烧成制品的性质及允许的上下温差有关，窑太高则底部制品易变形。故在 1750℃ 下烧成方镁石尖晶石制品时，宜采用高为 0.75m 左右的低膛窑。

　　高温隧道窑的主体结构与一般隧道窑并无显著差异。其主要特点为：在不用纯氧的情况下窑内能获得高温，具有高的窑炉高温结构强度，气密性好，窑车不易被高温气体所损坏，节能效果好，窑炉的热效率高等。

　　下面以烧成直接结合碱性砖的某高温隧道窑为例作一简介，图 4-23 为该窑

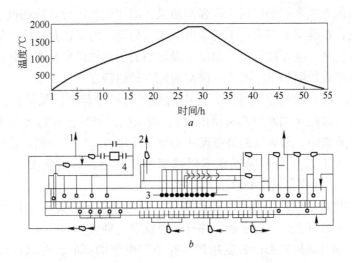

图 4-23 某高温隧道窑烧成曲线及气体流向示意图

a—烧成温度曲线；*b*—气体流向

1—排烟机；2—干燥机；3—烧嘴；4—焚烧炉

烧成曲线及气体流向示意图。

　　该窑的高温部分采用直接结合碱性砖砌筑，中低温部分采用高铝砖和黏土砖。窑的框架为全部用钢板包覆的刚性结构，在钢板与炉衬间用耐火纤维板，其间隙可供窑衬材料受热膨胀之用。在窑框架的外侧（包括窑顶、窑墙在内）设置隔热罩，减少窑墙散热，同时使冷却空气流入间隙，保护金属件，并将回收的热风作干燥器的热源。窑体结构的特点是采用大宽度、低高度的断面结构。在决定宽度时，充分考虑了窑拱顶的变形，并考虑其耐久性、材质、拱厚等因素。其烧成带断面示意图见图 4-24。

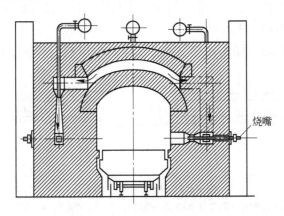

图 4-24 高温烧成带断面示意图

窑的通风方式全部采用通风机强制通风，即在预热带设置排烟机，在冷却带设置鼓风机；在窑车下部采用平衡通风方式。另外，为了达到窑内均热，在预热带和冷却带设置了循环鼓风机。而供干燥使用的回收热风来自两部分：从冷却带窑内抽出和烧成带隔热罩内抽出。该窑通风方式的特点为：

（1）为了提高助燃空气温度，先用耐热风机将冷却带热风抽出，然后送至窑顶夹层进行加热（同时冷却窑顶内衬），再由喷射器将已预热的热风送入通往烧嘴的空气通道中，最后借助烧嘴流股的喷射作用引入窑内助燃。这种热风温度可达 1000℃ 左右，从而可确保在不用纯氧的情况下，达到所要求的烧成温度（常用 1850℃，最高可达 1900℃）。

（2）在烧成带钢轨间设置冷却蛇形管，对窑车进行冷却。这样可减少直接冷却空气量，容易达到静压平衡，并有效回收空气显热。

（3）大部分通风机都设置变送器，在节省电能的同时，可以在计器室进行集中控制。

由于窑车要经受高达 1900℃ 的高温，故车台平面上部使用高品位碱性砖，但为了减少窑车质量并隔热，采用了包括使用温度为 1800℃ 氧化铝在内的隔热砖衬砌。

该窑的燃烧装置采用陶瓷烧嘴。这种烧嘴在高温下不必进行水冷就可以安全使用，窑前只有燃料油和雾化空气的配管，烧嘴周围非常紧凑；可以供给较高温度的助燃空气，以保证窑内获得高温，且节约能源；在烧嘴部位加强了隔热，减少了散热损失，改善了作业环境。由于烧嘴很轻，容易安装，投资及维修费用低。这种烧嘴的总装配图见图 4-25。它由装有精密陶瓷（氮化硅质）喷嘴的高压空气喷枪和陶瓷纤维隔热筒构成，喷枪内装有弹簧装置，以防止筒体热膨胀造成的烧嘴间隙变化。这种烧嘴能够只用雾化空气进行冷却，以防止烧嘴过热，从而保持良好燃烧和长期稳定操作。因为精密陶瓷烧嘴即使在高温下，也丝毫不像金属那样易氧化损耗，积炭也极少。

为防止停电时烧坏烧嘴，专门设置了柴油发电机，以便不停地供给雾化空

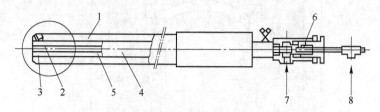

图 4-25　陶瓷烧嘴总装配图

1—保护筒（陶瓷纤维）；2—喷油嘴；3—空气喷嘴；4—风管；

5—油管；6—弹簧；7—雾化空气；8—燃料油

气；为了防止烧嘴尖端积炭堵塞或停电时烧嘴残油发生碳化堵塞，安装了储油气动式除油装置等。此外，还使用带有 VS 马达的柱塞油泵向各烧嘴供油，并调节油量。必要时还可进行遥控或自动控制。

设置有热电温度计、窑压表、油量计及氧浓度计等，以便能恰当地控制空气与燃料之比。同时还安装了微型计算机数字式调节器，将窑压、助燃空气量、燃油量的自动控制与窑门开闭、推车间隔时间等相联系，并通过在通风机上全面采用的变送器，以及把各种烧嘴与带有 VS 马达的重油计量泵联动，能够既便宜又容易地实现这些自动控制。

目前，我国无机非金属材料工业中已有相当数量的高温和超高温隧道窑，其中包括我国自行设计、建造的窑，其烧成温度有的已达 1800℃ 以上，主要技术经济指标可以与从国外引进的同类型高温隧道窑相媲美，且有投资省、附属设备少、操作方便等优点。由于在窑内上下温差、节能以及自动控制等方面尚需日臻完善，因此，还必须从燃烧方式、烧嘴形式、窑炉与窑车砌筑材料的选择，以及空气预热等方面进行进一步研究。

4.7 其他类型隧道窑

除上述明焰侧烧式隧道窑外，还有一些其他类型的隧道窑，如顶燃式、隔焰式、半隔焰式、多通道式、推板式和辊道式隧道窑等。

4.7.1 顶燃式隧道窑

顶燃式隧道窑的烧嘴设在窑顶，燃料和空气从顶部烧嘴喷入砖垛间隙中燃烧，其结构如图 4-26 所示。这样，烧嘴的数量不受限制，可采用小容量、多点、分散的方式进行布置，从而大大改善了传热情况和砖垛温度的均匀性。特别是当其与间歇式燃烧方式相配合时，燃料消耗可降低 34% ~ 46%。表 4-4 列出了产量为 200t/d 黏土砖侧烧窑（烧成温度为 1350℃）和顶烧窑相比较的数据。它说

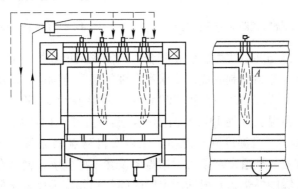

图 4-26　顶烧式隧道窑结构示意图

明顶烧窑具有明显的优越性。

表 4-4 侧烧、顶烧隧道窑的对比

项 目	窑长 /m	有效 宽度 /m	有效 高度 /m	最大 外宽 /m	基础 面积 /m²	窑表 面积 /m²	材料 用量 /t	烧嘴 数量 /只	烧嘴 形式	建筑 面积 /m²
侧烧窑	98	1.2	1.4	4.15	390	780	740	18	低压	2320
顶烧窑	62	2.4	1.4		285	570	360	32	中压	1640

此外，侧烧窑的烧嘴设在靠近车台平面处，窑横断面上静压强分布不均匀，如图 4-27 所示。在窑底两侧有较大的负压，而中心部位由于烧嘴喷射动压头的转化形成较高的正压，给窑底静压平衡和密封带来困难，产生漏气。而顶烧窑横断面上的静压强分布比较均衡，如图 4-28 所示，其顶部有较均衡的负压，底部有较均衡的正压。它与几何压头造成的静压强分布情况刚好相反，减弱了热气体的偏流现象，有利于窑内气体温度的均匀。顶烧式窑的烧嘴也可不安装在两窑车接头处，以减少热气体向窑底的泄露。但顶烧式窑由于烧嘴设在顶部，故顶部结构较为复杂，多采用吊顶结构。目前，这种窑多用于低温烧成的黏土砖和陶瓷制品。

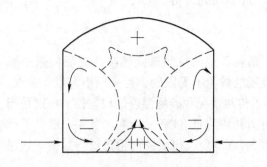

图 4-27 侧烧窑横断面静压强分布

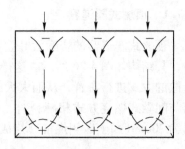

图 4-28 顶烧窑横断面静压强分布

顶烧式隧道窑与间歇式燃烧法相配合，则能收到更好的效果。

间歇式燃烧法是指在制品烧成要求和允许的温度范围内，使烧嘴按预定的时间间隔进行燃烧。如烧成温度为 1300℃，允许温差为 ±15℃，则可使烧嘴在 1285℃时点火，当温度升到 1315℃时熄火。燃烧停止的时间取决于允许的温度下限，如 1285℃，一旦温度降至此值，便再次自动点燃烧嘴进行升温，如此反复。采用这种方式，隧道窑窑顶可根据需要设置一些烧嘴，使其在与窑车前进方向垂直码放的砖垛间燃烧，并根据规定的时间与相邻烧嘴反复交替地进行燃烧与停熄。这样，图 4-26 中所示的 A 点温度变化规律如图 4-29 所示。图中虚线为相邻烧嘴温度变化规律。由图 4-29 可知，A 点的温度在其允许温度范围内呈近似正弦曲线波动。这种方式有利于燃烧产物对制品的传热。因为在这一传热过程中，通常包括两个过程：一是燃烧产物对制品表面的辐射和对流，二是制品内部的不稳定导热。只有当此两过程传热率近似相等时，传热过程才比较合理。但制品内部的导热过程总是较

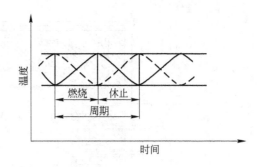

图 4-29 A 点的温度变化

慢的。这样，当其表面温度升高并逐渐接近燃烧产物的温度时，燃烧产物对制品的传热减弱，它所携带的较多热量就不能传给制品而被烟气带走。若采用间歇式燃烧法则可克服这一弊病。因当表面温度升高至接近燃烧产物温度时，燃烧终止，而制品内部的导热仍在进行，表面温度逐渐下降，直至进入下一个燃烧周期。

间歇式燃烧法与顶烧式隧道窑相配合（也可与其他窑炉相配合）可非常明显地降低燃料消耗。

目前，这种顶部间歇燃烧法不能普及的主要原因在于：它要求向很多烧嘴定量供油，并要通过间歇燃烧系统非常正确地控制各烧嘴燃油量的增减，这就使得烧嘴的喷射装置结构复杂，加工精度要求较高，同时应有与之相应的自动调节装置。目前采用电磁空气阀将压缩空气作用在燃料喷射装置上，使其间歇定量喷雾，并用开关把要求喷射的时间关系作用在电磁阀上。间歇式燃烧技术的另一个关键问题是防止烧嘴在终止燃烧时结焦阻塞。为此，烧嘴宜小型化，并用定量压送泵送油。

4.7.2 隔焰式及半隔焰式隧道窑

用隔焰板（马弗板）将燃烧产物与制品隔开，借隔焰板的辐射传热使制品烧成的窑，称为隔焰式隧道窑，又称为马弗隧道窑。火焰在隔焰道内，制品在窑内不与火焰接触，不用装匣钵。隔焰式隧道（隔焰窑）窑有单隔焰道和多隔焰道两种。多隔焰道的各通道可单独调节，以调整窑内上下温度，达到窑温均匀的目的，但其结构较复杂，如图 4-30 所示。单通道则较简单。

隔焰板应采用导热性好、耐火度高、强度大的材料制成，如碳化硅、硅线石及熔融刚玉等，其中以碳化硅最为普遍。碳化硅的热导率比一般材料的 5 ~ 10 倍，能满足使用要求。但碳化硅在 900 ~ 1000℃ 时易氧化，会降低隔焰板的使用寿命。

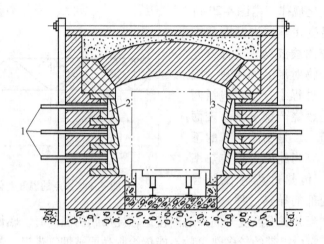

图 4-30 多隔焰式隧道窑
1—烧嘴；2—隔焰通道（火道）；3—隔焰板

　　隔焰板有标准型、双壁型、盒子型、单板型等多种，如图 4-31 所示。双壁结构最好，这种隔焰板中间有通道，其作用如同一个小烟囱，能造成窑内气体循环，减少窑内上下温差；且比单板强度大，高温不易变形和破损，也比标准型简单，易于制造。

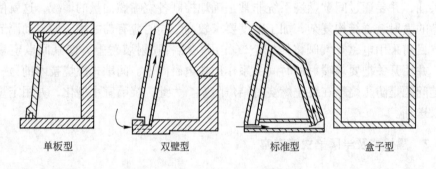

单板型　　　　双壁型　　　　标准型　　　　盒子型

图 4-31 隔焰板的一些形式

　　隔焰窑内主要为固体辐射传热，传热系数大、速率高，且窑内截面一般都不大，窑内温差较小，加之制品不用装钵，因而烧成周期大为缩短，产品质量好，劳动强度低，适于易污染制品和彩色制品的焙烧。但必须解决隔焰板的材质问题。由于隔焰烧成时燃烧室温度高，需以较好的耐火材料砌筑燃烧室。若能将烧嘴伸入隔焰道，又解决燃烧室的材质问题，则热效率会更高。这种窑的烟气离开隔焰道时温度很高，必须在窑头设置换热器，利用烟气来预热空气，作助燃空气用，以提高燃烧温度，节约燃料，提高热效率。也可将预热空气用于干燥。

隔焰窑虽具有一系列优点，但由于燃烧产物不入窑，窑内不能形成还原性气氛，对那些含铁量高、要求还原性气氛的产品，隔焰窑是不合适的，因而出现半隔焰窑。

半隔焰式隧道窑（半隔焰窑）内坯体亦不装钵，在烧成带设一些挡墙，或在隔焰板近车台平面处开些孔洞，使隔焰道与窑内相通，窑车上设火焰通道，以避免火焰直接冲击产品，而燃烧产物可以入窑。故比隔焰窑经济，它既有固体辐射又有火焰辐射，传热效果好、燃耗低，且可维持还原性气氛，适于截面较小的隧道窑。但这种窑要求燃料清洁，对易污染产品的燃料更要注意不影响产品质量。同时，还必须采取措施防止烟气倒流，否则烟气中的游离碳及二氧化硫将使产品釉面无光泽，即产品熏烟。

半隔焰窑预热带不设隔焰板，燃烧产物与制品接触；还可采用高速调温烧嘴，更有利于快速烧成。

4.7.3 非窑车式隧道窑

4.7.3.1 推板窑

推板窑是以推板放在窑底上作为窑内运载工具的隧道窑。坯体放在彼此相连的推板上，由推进机推入窑内。推板一般用耐火材料制成。这种窑多为隔焰窑，截面积小，窑底密封，无冷空气漏入，窑内温度较均匀，易于快速烧成，且具有结构简单、操作方便、易于机械化自动化等优点。但推板易磨损。在长期使用过程中，窑床上的某些附着物使推板和窑底间的摩擦阻力逐渐增加；或由于使用时间较长，推板接触处变圆，致使推板拱起罗叠，发生事故。为减少磨损，可在推板与窑底之间放置瓷球，但如果瓷球尺寸不一致，使用则不理想。为克服此缺点，可在推板下设置金属滑块，窑底上有滑轨，滑块载着推板在滑轨上滑行，摩擦损耗小，使用较理想。此时，推板与窑墙之间设置砂封槽，以免烧坏滑块和滑轨。推板窑断面结构如图 4-32 所示。

推板窑长度一般在 30m 以下，宽小于 1m。推板窑过长则阻力较大，过宽则在加热或冷却过程中因温度不均推板易开裂。窑高则视制品而定，一般不超过 0.5m。在窑的预热带上部有排气孔，以便排除坯体加热时放出的水汽和分解出来的气体。

4.7.3.2 辊底窑

辊底窑也是一种小截面隧道窑，其特点是利用辊子作为运输工具，坯体放在垫板上或直接放在辊子上，利用辊子的转动，使坯体在窑内移动。它可为单通道和多通道；既可使用气体、液体燃料，也可使用电热。当用重油为燃料时，为防止烟气污染制品，要采取隔焰式。若使用净化的煤气或石油液化气，则可为明焰。电热时，为保护发热体或使温度更均匀，也需将发热体与制品隔开。隔焰板

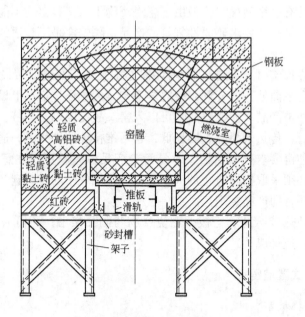

图 4-32 推板窑断面结构

也多为碳化硅质。图 4-33 为辊底烤花窑断面结构图。

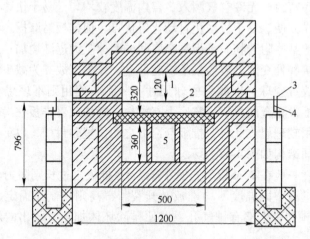

图 4-33 辊底烤花窑断面结构

1—隧道；2—辊子；3—链轮；4—支架；5—火道

低温处的辊子可用耐热钢制成，高温部分则需用非金属材料，如莫来石质、刚玉质、硅线石、重结晶的碳化硅或再加莫来石涂层等。辊子长度一般为 1~1.5m，直径为 25~27mm。辊子的尺寸应精确，且要直而圆。为传动平稳、安全，常需将辊子分成若干组，用链轮、链条分别传动。

这种窑截面较小，窑宽可达1m左右，辊子上下可分布烧嘴，窑内温度均匀，适于快速烧成，且能与前后工序连成自动线。

4.7.3.3 输送带式窑

输送带式窑是以输送带作为坯体运载工具的隧道窑。被烧成的坯体置于耐热合金钢制成的网状或带状输送带上，由传动机构带动输送带向前移动。窑截面小，温度均匀，可快速烧成，能与前后工序连成自动线，占地面积小，但对输送带材质要求较高，使用温度受到限制。

4.7.3.4 步进梁式窑

步进梁式窑简称步进窑，它由一组固定梁和一组步进移动梁作为坯体运载工具的隧道窑。梁的长度方向与窑长方向一致。梁为钢结构，其表面有耐火材料，移动梁下有一套机构，使其做步进式的移动。移动梁略低于固定梁，当坯体或其垫板放在固定梁上移动时，坯体被移动梁抬起，向窑尾方向平移一步，移动梁由上向下降落，坯体又落到固定梁上，但已前进了一步。移动梁放下坯体后回复到原位，如此反复进行。该窑运行平稳，易与前后工序连成流水线，其断面结构如图4-34所示。

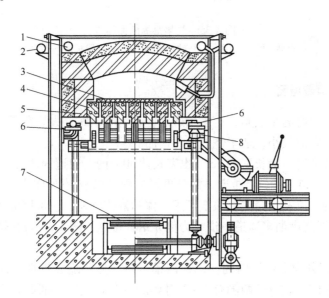

图 4-34 步进窑断面结构

1—空气管；2—煤气管；3—支承板；4—固定梁；5—活动梁；6—窑底升降机构；
7—支承板返回输送带；8—活动梁传送装置

4.7.3.5 气垫窑

气垫窑是坯体在气垫状态下烧成的隧道窑。此种窑用多孔隔板将窑室与燃烧设备分开，多孔隔板下部燃烧室内的燃烧产物通过多孔隔板以一定速度压入窑内，使被焙烧制品浮离隔板达 1~2mm，形成气垫状态。坯体借助气垫和输送设备向前移动，并在悬浮状态下烧成。制品受热十分均匀，传热很快，适于小型制品的快速烧成，其纵断面结构如图 4-35 所示。

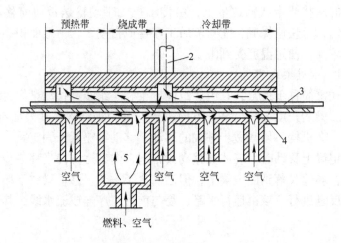

图 4-35 气垫窑纵断面结构

1—再循环区；2—排气；3—焙烧制品；4—多孔隔板；5—燃烧室

4.7.4 多通道隧道窑

多通道隧道窑的特点是：有多条通道，且为隔焰式，火焰在通道外，坯体在通道内，通道截面较小，适于烧成小件产品。

多通道隧道窑一般长 7~15m，也有长达 30m 的。通道的数目 4~48 个不等，常用的为 16、24、32 个通道。数量再增加则难以控制热工制度。相邻通道一般做成反向的，以利用余热。该窑可用气体和液体燃料，也可用电热。

现以 16 通道燃油多通道隧道窑为例介绍其特点。图 4-36 为其烧成带断面结构图。

16 条通道分为平行的四列，每列四条。在预热及烧成带每条通道的上下及两侧有烟气包围。烧成带两侧有 1~3 对燃烧室。烟气进入烟道后沿烧成及预热带向窑前流动，最后经排烟口、烟道（或管道）、烟囱排出。在烟道中每隔 0.5~1m 设一挡墙，使烟气上下波浪式前进，如图 4-37 所示。在预热带前端隔焰板上开小孔，使通道和烟气相通，可排出通道内坯体加热时产生的水汽和其他挥发物。为使烟气不流入冷却带，将烧成带和冷却带交界处的烟道堵死。冷却带的冷空气通道中也可设挡墙，使冷空气在里面呈波浪式曲折流动，从而使冷却均匀，冷空气进口在冷却带末端，出口则位于接近烧成带处。

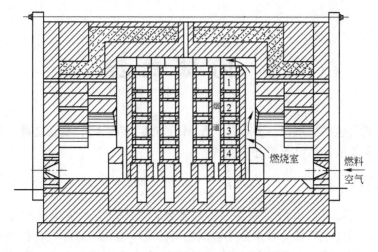

图 4-36 16 通道隧道窑烧成带断面结构图

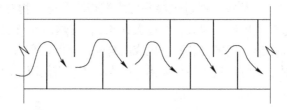

图 4-37 烟道挡墙

坯体放在垫板（或小车）上，用油压推进机将垫板向前推进，推进机上可设与通道数量相等的小推板，将所有通道的垫板同时向前推进。为便于推动，窑体可稍倾斜，从预热带向烧成带倾斜 1°～2°。

多通道隧道窑的优点是：窑炉空间的利用系数高，单位容积产量高，占地面积小，截面小，温差小，产品质量好，热利用好。中小型厂都广泛应用。但目前国内多通道隧道窑也存在一些问题，如各孔道温度不一致，尤其是燃煤窑，使用后由于积灰温差更大，影响产品质量；施工质量要求高，稍不注意，就会影响推板的正常运行等。

5 间歇式窑

间歇式窑包括倒焰窑、钟罩窑、活顶倒焰窑、梭式窑、蒸笼窑等。间歇式窑的优缺点及发展趋势已于概述中叙述。

5.1 倒焰窑

倒焰窑有圆窑与方窑（或矩形窑）之分，且多以容积大小进行分类，也可以最高烧成温度或焙烧品种来分类。倒焰窑的基本结构大致相同，图 5-1 为某倒焰窑的结构图。其工作原理为：将煤加入到燃烧室 2 的炉算上，一次助烧空气由燃烧室下面的灰坑穿过炉算，通过煤层并使之燃烧。燃烧产物自喷火口 4 喷至窑顶，再自窑顶经过坯体倒流至窑底，经过吸火孔 5，支烟道 6 及主烟道 7 流向烟囱底部，最后由烟囱排出。坯体自装好至烧成出窑前一直停在窑内。当烟气流经坯体时，以对流与辐射方式将热量传递给坯体。因火焰在窑内倒流，故称倒焰窑。

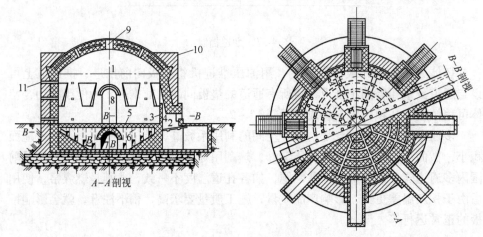

图 5-1　倒焰窑结构示意图

1—窑室；2—燃烧室；3—挡火墙；4—喷火口；5—吸火孔；6—支烟道；
7—主烟道；8—窑门；9—窑顶孔；10—窑箍；11—看火孔

5.1.1 倒焰窑结构

5.1.1.1 倒焰窑容积

倒焰窑规格常以其容积大小来表示。决定窑容积大小的是产量，同时要考虑燃耗低、温度均匀、方便操作等因素。显然,窑的容积大,产量就大,其单位容积所占有的窑砌体质量和外表面积较之容积小的窑相对要少,因而对单位制品而言,被窑体蓄积和向外散失的热量相对也少,故燃耗相对较低。但窑的容积过大,火焰不易到达窑的中心部位,导致窑温不均,废品(次品)增加。若使窑内制品都烧得好,就不得不适当延长烧成时间,这样既增加燃耗,又减少窑的周转次数。如果窑的体积过小,其开设窑门处散热损失所占比例增大,如窑门封闭不好,还会引起窑内温度不均。究竟选择多大的窑容积才合适,要根据生产规模、产品对温度均匀性的要求、劳动组织条件、投资大小等来决定。

窑容积的计算分成两部分,即拱顶部分和拱顶以下的窑墙部分,后者计算简单。窑顶部分计算又分为方形和圆形两种。方形窑顶计算与隧道窑完全一样。圆窑顶部分容积及其表面积可按式(5-1)、式(5-2)计算。

$$V = \frac{\pi}{6}f\left[3\left(\frac{B}{2}\right)^2 + f^2\right] \tag{5-1}$$

式中 V——圆窑顶部容积,m^3;

   B——窑的跨度,m;

   f——窑的拱高,m。

$$A = \pi\left[\left(\frac{B}{2}\right)^2 + f^2\right] \tag{5-2}$$

式中 A——圆窑顶部的表面积,m^2。

倒焰窑的容积,由于其用途与产量不同,差异很大,小到零点几立方米(试验窑),大至 $300m^3$ 左右。目前,我国耐火材料工业用倒焰窑设计系列为 $30m^3$、$50m^3$、$80m^3$、$100m^3$、$150m^3$、$270m^3$ 等;而陶瓷工业用倒焰窑的容积多为 $100m^3$ 左右。窑容积确定后,还要确定窑体结构形式,这两种窑形在结构与操作上各有其优缺点。

(1)圆窑比方窑温度更容易均匀。因圆窑燃烧室沿圆周均匀分布,窑内无死角,每个燃烧室所控制的加热面(指窑底面积)为扇形,近燃烧室处是窑底圆的外围,面积最大,而向窑中心处的面积渐趋于零,这符合热量分布条件,使窑中心与四周的温差很小。

(2)当窑容积相同时,圆窑比方窑有较少的窑墙侧面积及较少的砖砌体。因此,圆窑窑体向外界散失和蓄积的热量比方窑少,即单位面积制品的燃料消耗量相对较低。

(3)圆窑的直径增至很大时,增加了每个燃烧室的加热范围,因而增加了窑内横截面上的温度差。而方窑可以维持其宽度不变,通过增加窑长来增大容积,并相应增加燃烧室的数量,使每个燃烧室所控制的加热面积基本不变。

（4）砌筑圆窑要用大量异型砖，尤其是窑顶呈球缺状，砖型复杂，砌筑更为困难。故容积不大的窑和容积很大的窑多选用方窑。

5.1.1.2 倒焰窑窑高与直径（或宽度）

（1）窑高。决定窑高的因素是：制品在烧成过程中所允许的负荷，即高温荷重；沿窑高温度分布的均匀性；是否方便装卸制品等。由于倒焰窑系"倒焰"，窑内上下的温度差较小，故高度可比隧道窑高些。当然也不能太高，因为气体从窑顶向窑底流动过程中，逐渐放出热量，温度逐渐降低，如果窑顶越高，则上下温差就越大。此外，窑太高装卸也不便，且底层制品容易变形，虽可通过搭架来解决，但又减少了装砖量。烧成耐火材料的倒焰窑一般为 2.5 ~ 4.0m。但窑的拱高可比隧道窑大一些，有时甚至用半圆拱，以尽量减少窑顶的横向推力，节省箍窑用钢材等。圆窑的拱高一般为直径的 1/6 ~ 1/4，方窑拱高则为跨度的 1/3 ~ 1/2。

（2）直径（或宽度）。窑的直径（或宽度）是根据窑的横截面上温度均匀性来决定的。火焰由喷火口喷出后能控制的距离约为 3m。烧无烟煤时，火焰喷出后能控制的距离为 2m 左右。所以，圆窑直径一般为 5 ~ 8m；方窑燃烧室设在两边，故其宽度（跨度）为 4 ~ 6m。

5.1.1.3 倒焰窑窑顶

窑顶是窑的最重要构成部分之一，其基本要求与隧道窑窑顶相同，不再赘述。倒焰窑一般都采用拱顶，其上常开若干个冷却孔，升温时封闭，快速冷却时打开。

5.1.1.4 倒焰窑窑墙

窑墙与窑顶构成窑体。设计时既要考虑有足够的机械强度，又要考虑其积蓄和散失的热量尽量减少。因为倒焰窑是间歇式操作，在焙烧过程中，窑体同时被加热，砌体所积蓄的热量往往要超过外表面向外界散失热量的数倍，并可达到窑炉总热耗的 10% ~ 15%。当制品冷却时，砌体所积蓄的热量大部分又传给窑室，使制品冷却受到阻碍。砌体减薄可减少蓄热，但太薄向外界散热损失又会增加，且环境温度升高、操作条件恶化。适当采用些密度小、热导率低的轻质材料作中间保温层，可使其蓄热和散热量相应减少，节省燃料，降低成本。对那些升温时间快、烧成时间短的窑，可适当减薄窑墙厚度。这样既可以减少砌窑材料，又可减少窑的蓄热，散热损失也不太大。因为窑墙蓄热需要较长时间，待热量通过窑墙大量传至窑外表面时，快速烧成的制品已处于冷却阶段了。故窑墙的厚度应视升温制度、选用材质等条件而定。一般倒焰窑的窑墙厚度约为 0.8 ~ 1.0m。

5.1.1.5 倒焰窑的燃烧室、挡火墙和喷火口

倒焰窑的燃烧室、挡火墙与喷火口的大小及设计原则如下：

（1）燃烧室。燃烧室习惯上称为火箱。凡以固体燃料（主要为煤）和液体燃料（主要为重油）烧成的倒焰窑都需要设置燃烧室，但燃油时无需炉算与灰坑。燃气倒焰窑可以不设燃烧室，将煤气和空气混合后由窑墙上的通道直接喷入窑内燃烧。

燃烧室的大小可按每小时最大燃料消耗量来计算，具体的计算方法请参阅文献 5。倒焰窑的最大燃料消耗量一般常用生产实践中的经验数据（详见本节设计简介）。高温阶段每小时最大燃料消耗量常为平均值的 1.2 ~ 1.6 倍。

当燃烧室的设置个数为 10 以内时，每个燃烧室的炉算面积为 0.5 ~ 1.5m²。燃烧室的设置间距一般为 2 ~ 3m。圆窑可取较大数值，方窑则应取较小数值，如 1.5m 左右。靠近窑门处热损失较多，故近窑门处的燃烧室间距适当小些，以保证窑内温度均匀。当倒焰窑较高且使用气体或液体燃料时，为使窑内温度上下均匀，可沿窑墙高度设置两排或多排烧嘴。

目前，倒焰窑多以烟煤为燃料，常采用阶梯炉算或稍向内倾的（约15°）梁状炉算。前者易于操作，不易漏煤，尤其适宜于燃烧碎煤，燃耗也较低；梁状炉算则清灰方便。由于助燃所需一次空气是由灰坑穿过炉算进入燃烧室的，所以炉算上应有一定的通风面积。如面积太小，阻力大，不易通风，清灰也困难；太大则易漏煤，造成不完全燃烧，浪费燃料。燃烧所需助燃空气多为自然通风，也可为封闭灰坑门用风机鼓风，但清灰时应停止鼓风，清灰后需要再次封闭灰坑门。当然，从环保角度考虑，直接燃烧固体燃料的倒焰窑应予淘汰。

（2）挡火墙。它的作用是使火焰具有一定方向与流速，合理地送至窑内，且防止一部分煤灰污染制品。挡火墙高低将严重影响窑内上下温差。挡火墙太低，火焰大部分不能到达窑顶，直接进入窑的下部，结果是下部的温度高于上部；反之，若挡火墙太高，火焰将全部直冲窑顶，甚至集中在窑的最顶点，仅靠火焰由上而下流动时将热量传给制品，结果是上部易过烧，下部易生烧。故挡火墙高度应合理设计，并根据生产实践合理调整，以便使大部分火焰送到窑顶，小部分直接进入窑的下部。挡火墙的高度一般为 0.5 ~ 1.0m。

（3）喷火口。它是挡火墙与燃烧室上部窑墙之间的空间。若喷火口的截面积过大，火焰喷出速度小、无力，不能到达窑顶的中心，造成上部温度低、下部温度高，且占据窑内较多空间。减少制品装载量。如喷火口太小，火焰喷出时阻力大，喷出困难，容易将燃烧室耐火砖及炉算烧坏，也造成窑内下部制品生烧。喷火口的截面积通常为炉算水平面积的 1/4 ~ 1/5。

5.1.1.6 窑门

在倒焰窑侧墙上设有 1 ~ 2 个窑门，用于装卸制品。在每次装窑完毕后，用耐火砖封闭窑门，并涂以火泥，以加强密封。在封闭窑门时应留观察孔与测温孔，以便随时观察与测定窑内制品的焙烧情况与温度。为减少每次拆卸窑门的繁重劳动。窑门的大小应以方便操作为原则。较大的窑门一般约为高 1.8m，宽约为0.8m；上部为半圆拱；小窑窑门则根据需要确定。

5.1.1.7 吸火孔、支烟道、主烟道和烟囱

吸火孔、支烟道、主烟道及烟囱是倒焰窑的排烟系统，其布置形式影响窑内的热工制度，分别介绍如下：

（1）吸火孔。它与支烟道、主烟道、烟囱的作用都是排烟。吸火孔设在窑底。其总面积大小及分布情况，对窑的操作控制和窑内水平截面上的温度均匀性影响较大。如总面积太大，火焰在窑内停留时间太短，火焰一经喷火口喷出，很快就从吸火口跑掉，热量不能充分地传给制品，烟气离窑温度高，热损失大，燃耗较高，且窑温不容易控制。如吸火孔面积太小，排烟阻力大，升温困难，甚至无法升温。根据生产实践，吸火孔的总面积约为窑底总面积的3.0%～7.0%。为方便操作和调节，吸火孔面积宜选大一点，以防止在烧成过程中出现吸火孔变形、部分堵塞等现象发生。如原设计吸火孔面积过大，可在装窑时用垫脚砖适当堵住一些。

一般来说，吸火孔应均匀地分布在窑底，但为了使窑内水平截面上的温度分布均匀，要在烟气不易到达的地方，如远离烟囱的一端、窑的角落等，在散热较多的地方，如靠近窑门处等，吸火孔应多设一些或设大一些，从而使这些部位烟气流量大一些。

吸火孔的形状以圆形为最好，但要用专门的异型砖，拆卸不方便，清扫烟道较困难；而方形或矩形阻力较大，但便于砌筑，可直接用普型砖砌筑。每个吸火孔面积以100～150cm² 为宜，具体排布以方便砌筑为准。

（2）支烟道。它分布在窑底吸火孔的下面，用于连接吸火孔与主烟道。为使窑内温度均匀分布，支烟道最好砌成蛛网或"非"字形，窑底中心有一垂直烟道与主烟道相连，如图5-2所示。但这种结构复杂，地基要深，且要注意地下水。方窑支烟道多数砌成"非"字形，主烟道两端相通，汇合后进入烟囱，如

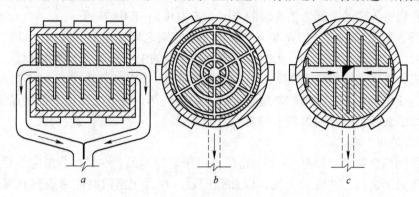

图5-2 倒焰窑支烟道的分布

a—方窑非字形；b—圆窑蜘蛛网形；c—圆窑非字形

图 5-2a 所示。主烟道也有只从一端通入烟囱，但这样另一端温度较低，只有靠调整吸火孔面积来调节。支烟道的总面积应大于吸火孔的总面积。

（3）主烟道。它是连接支烟道和烟囱的。其截面积应不小于支烟道的总面积，以便流体流动时阻力较小，有利于主烟道上的闸板控制窑内抽力的大小。当然也要考虑便于清扫烟道的积灰。主烟道的高度应大于其宽度（跨度）。为方便砌筑，其跨度也尽可能系列化。但主烟道的截面积也不宜过大，以免砌筑困难和浪费材料。其长度也应适当，太长会增加能量损失，太短会使主烟道及烟囱底部升温，一般选用 10～18m 为宜，但其总长不应超过烟囱的高度。主烟道应尽量少拐弯，特别是急拐弯，以减少局部能量损失，砌筑时应微向上倾斜，避免向下倾斜。当两窑或两窑以上合用一座烟囱时，主烟道汇合处的夹角要小，截面也应稍加扩大，以降低流速，减少冲击。

主烟道上的闸板安装位置要合适。当其靠烟囱太近时，烟气在闸板与烟囱底部之间就没有一段较稳定的流动，闸板稍许变化就会引起窑内压力的较大波动；但若太靠近窑炉，则因温度较高易烧坏，故闸板应安装在离窑炉稍远一点的地方。当烧成温度很高时，闸板应由高温耐火混凝土制作，或在钢制闸板内通水冷却，以免烧坏。闸板应安装升降装置。

（4）烟囱。这是产生"抽力"使窑内气体流动的装置，其工作原理、计算公式及注意事项等已在流体力学中讨论过。显然，在设计倒焰窑时，应尽量避免一座窑一座烟囱，应为 2～3 座窑合用一座烟囱。这样既节省投资，又便于操作，并避免低温阶段烟囱抽力不足之苦。安排生产时，尽量做到共用烟囱的每座窑升降温与装出窑的时间错开，使烟囱一直处于"热"的状态，保证每座窑在低温阶段具有一定的抽力。

为了缩短冷窑时间，除及时打开窑门冷却（有时还用轴流式风机向窑内通风），往往在窑顶设置冷却孔，其直径为 200～300mm。当窑较大时，需在窑顶开几个冷却孔，每个孔的直径均不宜太大，以免使窑顶的强度受到影响，且应均布。

5.1.2 倒焰窑工作原理

5.1.2.1 窑内气体流动

如上所述，倒焰窑内的气体属"倒焰"，这样有利于窑内横截面上的温度分布均匀，其原理可用图 5-3 说明。在窑内分别选取 1—1 和 1—2 截面，并以 1—1 为基准面，列这两截面的伯努利方程，则有

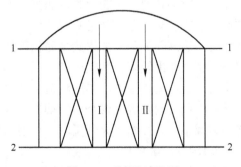

图 5-3　垂直分流法则

$$h_{s1} + h_{g1} + h_{k1} = h_{s2} + h_{g2} + h_{k2} + h_{l1\to2}$$

因为 $h_{g1} = 0$，$h_{k1} = h_{k2}$，则上式化简为

$$h_{s1} - h_{s2} = h_{g2} + h_{l1\to2}$$

显然，两截面静压头之差（$h_{s1} - h_{s2}$）为气体流动的推动力，用于克服几何压头 h_{g2} 和能量损失 $h_{l1\to2}$。在这种情况下，h_{g2} 起阻碍气流向下流动的作用。如果要使窑内砖垛间 I，II 两条通道中气流分布均匀，则应满足下式：

$$(h_{g2} + h_{l1\to2})_{I} = (h_{g2} + h_{l1\to2})_{II} \tag{5-3}$$

但在生产实践中，影响窑内温度的因素很多，难免会引起各通道中温度的波动。如由于某些因素的影响，使通道 I 中的烟气温度高于通道 II 中的温度，即 $t_{I} > t_{II}$，结果使通道 I 中的烟气密度 ρ_{I} 小于通道 II 中的 ρ_{II}，从而使 $h_{g2}^{I} > h_{g2}^{II}$，而能量的损失变化很小。当气体自上而下流动时，几何压头是起阻力作用的，故有

$$(h_{g2} + h_{l1\to2})_{I} > (h_{g2} + h_{l1\to2})_{II}$$

即通道 I 中的总"阻力"（或者"能量损失"）加大，迫使热气体流量减小，温度下降；而通道 II 的情况正好与通道 I 相反，流量相对增大，温度升高，直至两通道温度趋于一致，从而起到自动调节温度的作用。这一原理就是气体垂直分流法则。该法则指出：当气体被冷却（制品被加热）时，应自上而下流动。应用此法则，不难证明，倒焰窑内的制品在冷却阶段及各种蓄热室中，为何冷却空气总是从底部进入，从上部流出。

不过，值得注意的是，上述法则的自动调节作用是有条件的，即只有在能量损失较之几何压头较小的场合下，且并联通道阻力不大时才有显著的作用。如果由于码垛不当等原因造成各通道间阻力差别很大时，仅靠垂直分流法则的作用是不能达到上述目的的。

倒焰窑内的静压强分布对烧成亦有较大影响。对自然通风的倒焰窑，窑内静压强分布的情况大致为：顶部为正压，底部为零压。这是由于燃烧产物由煤层上升至窑顶时的几何压头转化为静压强，使窑顶的静压强为正值；当燃烧产物自窑顶倒流至窑底时，静压强需克服流体流动的阻力，并部分转为几何压头，故静压强由正值逐渐降为零。如果到窑底仍维持正压，则窑内静压强过大，热气体经窑墙不严密处漏出较多，散热较大，恶化操作环境；如窑底为负压，则窑内会吸入冷空气，造成上下温差，如同隧道窑预热带的情况。故应尽可能将窑底调整为零压状态。调整的办法主要是调节烟道闸板，提起闸板，阻力减小，抽力加大；反之抽力减小。当开始点火升温时，烟囱的抽力很小，应将闸板全部提起。

5.1.2.2 窑内传热

窑内的传热特点影响窑炉的能耗，说明如下：

（1）窑内传热的特点。倒焰窑是间歇操作的窑炉，窑内制品及窑内各部分的温度随时间而变化。在加热和冷却的过程中，制品及窑体均同时吸收或放出热量，故倒焰窑的传热过程均属于不稳定传热。要计算窑墙、窑顶砌体内不同时间的温度分布情况，以及它们所蓄积和散失之热量，通常都应用有限差分法。

（2）单位制品热耗大的原因。由计算可知，倒焰窑在升温过程中所蓄积的热量，在燃料消耗总能量中约占20%～30%。这部分热量非但不能利用，而且在冷却过程中又释放出来，阻碍产品的冷却，延长了冷却时间。烧好的制品冷却所带走的热量，约占燃料总量的20%～30%，这部分热量也不易利用而浪费掉。烟气离开吸火孔时的温度，至少应比产品的烧成温度高约20～30℃，以利烟气与制品间的传热。但如此高温的烟气被烟囱排出所带走的热量，约占燃料总量的30%～50%。这些热量的损失，便是倒焰窑单位制品燃料消耗大的主要原因。虽然现在有些厂矿安装换热器，利用烟气来加热空气，以利用部分余热，但由于烟气温度波动太大，有时换热器在高温下易烧坏，操作也较困难，因而未能广泛采用。

5.1.3 倒焰窑的节能途径

对传统倒焰窑，虽不能从砌筑体材质上根本解决，但采取增加隔热、安装余热回收装置等措施，也可在一定程度上节约能源。如烧成硅砖用倒焰窑，针对圆窑顶散热量较大、烟气出口温度高等弊端，在窑顶加一层陶瓷纤维衬，在主烟道安装换热器以回收烟气余热。在窑顶表面敷以陶瓷纤维毡，使窑顶表面温度由原来的175℃降至115℃。在烟道中安装换热器配置状况如图5-4所示。为了保护换热器，在烟道上设有大气吸气孔，同时考虑到在特殊情况下使烟气不通过换热

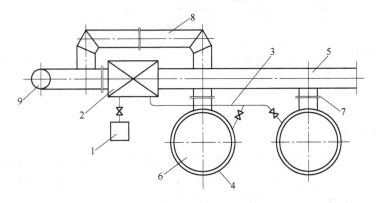

图5-4 倒焰窑换热器配置状况

1—风机；2—换热器；3—热风总管；4—热风支管；5—主烟道；
6—窑；7—烟道闸板；8—旁烟道板；9—烟囱

器，设置有旁通烟道。由于安装了换热器，助燃空气温度提高，则可提高燃烧温度，降低燃耗。该窑改造前后的热平衡及热效率见表 5-1。

表 5-1 某硅砖倒焰窑改造前后的热平衡

项目名称		改 造 前			改 造 后		
		倒焰窑的总热量(收入或支出)/MJ	单位制品的热量(收入或支出)/MJ·t⁻¹	占总热量(收入或总支出)的分数/%	倒焰窑的总热量(收入或支出)/MJ	单位制品的热量(收入或支出)/MJ·t⁻¹	占总热量(收入或总支出)的分数/%
热收入	重油燃烧热 $Q_{net,ar}$	2808880	10800	99.4	2275650	7850	93.8
	显　热	8520	30	0.3	7490	30	0.3
	助燃用空气显热	5980	20	0.2	14820	50	0.6
	回收烟气热量				123780	420	5.1
	制品及架砖显热	3110	10	0.1	5300	20	0.2
	合　计	2826490	10860	100	2427040	8370	100
热支出	制品显热	468580	1800	16.6	533130	1840	22.0
	制品水分蒸发热	25900	100	0.9	29470	100	1.2
	架砖显热	138810	530	4.9	157310	540	6.5
	烟气带走热	1020860	3920	36.1	718870	2480	29.6
	窑体散热	338520	1300	12.0	203100	700	8.4
	窑体蓄热等	833820	3210	29.5	785150	2710	32.3
	合　计	2826490	10860	100	2427030	8370	100
热效率	制品 η_1/%		17.5			23.2	
	制品+架砖 η_2/%		22.4			29.6	
备注	前提条件	(1)装窑量:制品 260.15t,架砖 77.07t (2)重油用量:65.45t (3)温度:重油 73℃,空气 5℃,制品 10℃,自然对流			(1)装窑量:制品 290.00t,架砖 87.34t (2)重油用量:58.27t (3)重油 73℃,空气 15℃,制品 15℃,自然对流		

5.1.4 设计简介

倒焰窑设计的基本条件和方法与其他工业窑炉大致相同。但因其传热过程为不稳定传热，故其燃料消耗很少通过热平衡计算来确定，通常都按经验数据选取。据此，即可按式（5-4）计算出每座窑的年产量 G。

$$G = V\rho\eta n \tag{5-4}$$

式中　V——窑的有效容积，m^3，$V = zV_n$；

V_n——选用或计算出的几何容积，m^3；

　z——容积系数，可按下列数据选取

V_n/m^3	< 60	60 ~ 130	130 ~ 250	> 250
z	0.8	0.85	0.90	0.90

ρ——装窑密度，t/m^3；

η——平均成品率，%；

n——年周转次数，次/a。

一座窑炉每年燃料消耗量可按式（5-5）计算

$$B_a = GB_0 \frac{7000 \times 4.1868}{Q_{net}} \qquad (5\text{-}5)$$

式中　B_0——标准燃料消耗量，%；

　　　Q_{net}——燃料的低位热值，kJ/kg 或 kJ/m^3。

燃烧室炉算、吸火孔与主烟道的面积可参考表5-2。

表5-2　倒焰窑的一些经验数据

窑容积/m^3	每10m^3窑容积所具有的面积/m^2			炉算总面积占窑底总面积/%	吸火孔总面积占窑底总面积/%	喷火口总面积占窑底总面积/%
	炉　算	吸火孔	主烟道			
>100	0.5 ~ 1.0	0.05 ~ 0.15	0.06 ~ 0.15	15 ~ 25	1.5 ~ 5.0	20 ~ 25
<100	1.0 ~ 1.5	0.10 ~ 0.20	0.15 ~ 0.25	25 ~ 35	3.0 ~ 7.0	20 ~ 25

方窑拱顶及燃烧室、主烟道、窑门等拱顶配砖计算方法及原则与隧道窑相同。但圆窑拱顶配砖计算比较复杂。因为圆窑拱顶一圈圈向上砌筑，所用砖型每圈各异，只是同圈所用砖型尺寸相同（砖的长度即为拱厚，砖的厚度的计算方法与方窑相同，因为通过拱顶中心作一垂直截面，该面上的拱砖与方窑相似）。宽度则上下内外各不相同，应根据全拱用砖圈数来确定对应于每一圈的 4 个宽度的同心圆，然后假定该圈用砖块数，以此块数去除 4 个同心圆的长，所得结果就是所求 4 个宽度的尺寸。如在图 5-5 中，圆窑的拱顶除拱心部分外，假设全拱用砖六圈，求其一圈 a、b、c、d 拱砖的 4 个宽度。

可以以 a、b、c、d 四点至拱弧中心线 O_1—O_2

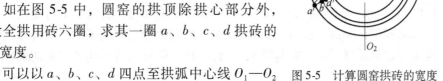

图 5-5　计算圆窑拱砖的宽度

的 4 种距离为半径，作 4 个同心圆。规定该圈砖的块数，即可在图上作出 4 个宽度，分别为 aa'、bb'、cc'、dd'。值得注意的是，计算所得宽度包括灰缝在内。

5.1.5　高温倒焰窑

在耐火材料工业中，高温烧成是生产优质耐火材料的重要环节。我国现有高温倒焰窑可由小于 $1m^3$（实验窑）至 $15m^3$ 左右，应用最多的为 $3 \sim 7m^3$。要使这种窑炉达到 $1700 \sim 1800$℃ 的高温，必须在砌筑体的材质、燃料的选择与燃烧的组织及利用烟气余热预热助燃空气等方面采取相应的技术措施。

如前所述，间歇式窑炉在加热过程中有相当一部分热量蓄积于窑砌筑体内部，但砌筑体所用材质不同，蓄热量差别也较大。表 5-3 给出了由不同材质砌筑的窑墙采用有限差分法计算所得的蓄热、散热情况。图 5-6 所示为不同材质砌筑的窑墙内温度分布。

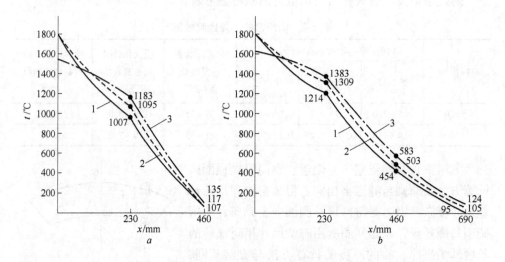

图 5-6　间歇式窑窑墙温度分布

a—两种材料构成的窑墙（氧化铝空心球砖 230mm，轻质黏土砖 $\rho = 1.0kg/m^3$，230mm）；

b—三种材料（刚玉砖 230mm，轻质硅砖 230mm，黏土砖 230mm）

由图 5-6 可以看出，间歇式窑砌筑体温度场是不稳定的，当起始条件相同时，随边界条件变化，砌筑体内部各点温度都会发生变化。升温结束时（1800℃）窑墙内温度分布如曲线 1，保温阶段窑墙内表面温度不再变化，但窑墙内部温度仍在升高，如曲线 2，当窑炉冷却时内表面温度下降，内部温度继续升高至一定值后再下降，如曲线 3，由此看出，间歇式窑与连续式窑砌筑体内温度分布有本质的差别。

表 5-3　不同窑墙结构蓄热、散热比较

窑墙结构材料及厚度/mm	第一层		第二层		第三层		总散热量/MJ·m⁻²	总热支出/MJ·m⁻²
	X /MJ·m⁻²	XB /%	X /MJ·m⁻²	XB /%	X /MJ·m⁻²	XB /%		
氧化铝空心球砖 230 轻质黏土砖($\rho = 1.0$)230	493	79.5	127	20.5			128	748
刚玉砖 230 轻质硅砖 230 黏土砖 230	1516	82.1	217	11.7	114	6.2	257	2104

注：X—蓄热量；XB—各层蓄热量占总蓄热量的百分数。

由表 5-3 中的两种砌筑方案比较看出，选用轻质、薄壁结构，其蓄热、散热总支出明显低于重质、厚壁结构。进一步分析可以看出，在间歇式窑中蓄热损失远大于散热损失，因此间歇式高温窑的节能途径是应尽量减少蓄热损失。如果只强调增加窑墙厚度以降低表面温度，尽管散热损失有所降低，但由于厚度增加带来蓄热所造成的热量消耗则更大。

窑墙蓄热沿厚度方向的分布是不均匀的，内衬材料的蓄热量最大，可达总蓄热量的 80% 左右。为了减少蓄热，必须寻求耐高温低蓄热材料作为间歇式高温窑的内衬材料。从目前生产中采用的窑墙结构来看，生产实践表明：当窑墙内衬采用氧化铝空心球砖为 230mm、轻质黏土砖为 230mm 时，窑温可在 17 ~ 24h 内达到 1800℃，这正是由于砌筑体薄、蓄热少，可以快速升温的原因。同时由于采用了全轻质结构，窑体外表面温度最高仅达 80 ~ 95℃，散热损失也相应减少。

综上所述，低蓄热薄壁结构是一种值得重视的窑衬结构，但必须指出，低蓄热材料密度小，没有传统重质材料所具有的强度，因此必须加强对轻质高强材料的研制，并应选择合理的窑炉结构。

高温倒焰窑的窑底需要承受窑体和制品的重力，因此必须采用重质材料，如电熔再结合镁砖、电熔再结合刚玉砖等，这样窑炉砌筑体蓄热量仍较大。经测定，当窑内温度为 1570℃，由窑底排出的烟气温度为 1070℃、窑内温度为 1650℃、排烟温度为 1200℃，说明有相当热量用于加热窑底。对高温倒焰窑热平衡测定与计算表明，当采用轻质材料内衬时，窑墙、窑顶蓄热占 9.91%，窑底蓄热占 13.48%，这是传统倒焰窑无法克服的缺点，只有改变窑炉结构，如采用车底式窑并用低蓄热窑车，此项热损失才可减少。

高温倒焰窑目前采用的燃料主要有重油、柴油等液体燃料和液化石油气、天然气、焦炉煤气等高热值煤气，同时必须将助燃空气预热至 200 ~ 250℃ 或者更高，才可以使火焰温度达 1700 ~ 1800℃。由于间歇式窑炉温度是逐渐上升的，燃料用量逐渐加大，空气用量也应随之加以调整，既要保证空气量的供应使燃料完全燃烧，同时又要保证低空气过剩系数下燃烧。只有选择比例调节式烧嘴或采用煤气、空气自动控制系统才能满足上述要求。

高温倒焰窑排烟温度高，烟气带走的热量多，采用普通平滑钢管换热器，其允许烟气进入换热器温度仅为 800～900℃左右，高温烟气则必须掺入冷空气才可以进入换热器，致使烟气余热不能充分被利用。为更多利用烟气余热，提高空气预热温度，则需采用高效能换热器。喷流式换热器由于其传热系数大，单位面积传热量高，并且换热器器壁温度低，是高温倒焰窑比较理想的换热设备。此外也可采用陶瓷换热器，可将助燃空气预热到更高温度。

5.2 梭式窑

梭式窑是一种车底式窑，其结构如图 5-7 所示。梭式窑可以在窑车长度的两个方向设有窑门，也可以设一个窑门，窑车进出都通过此窑门，所以又称为抽屉窑。由于梭式窑在窑外装卸制品，因此，大大减轻了劳动强度，改善了劳动条件，也加快了窑的周转率。

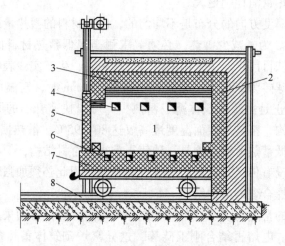

图 5-7 梭式窑结构示意图

1—窑室；2—窑墙；3—窑顶；4—烧嘴；5—升降窑门；
6—支烟道；7—窑车；8—轨道

5.2.1 结构

梭式窑的容积视烧成产品产量、烧成制度和燃烧装置的特性来决定。耐火材料工业用梭式窑目前为 1～30m³ 左右，日用陶瓷梭式窑容积在 0.5～15m³ 左右，由于等温高速烧嘴的出现，大截面梭式窑相继出现，如电瓷行业梭式窑容

积可达 $64 \sim 80m^3$。

梭式窑窑内烟气的排出有几种不同形式，最简单的为在窑车台面上、窑的端墙或侧墙上设排烟孔，这种排烟方式使窑内温度、压力都不够均匀，另一种是在窑车上设吸火孔，窑车面以下设水平支烟道，烟气由支烟道进入车面以下窑墙上设置的排烟孔，如图 5-8 所示，或是在窑车上设有吸火孔、支烟道，再进入窑车上的竖直烟道而进入车下的总烟道。

梭式窑在结构的处理上要做到密封性能好，特别是窑车车下的密封及窑门处的密封更要处理好，以避免因漏气而影响窑内热工制度。

梭式窑烧成周期短，因此要求窑门开闭简单、迅速，关闭后气密性要好。窑门有多种形式，可以将窑门直接砌筑在装载制品的窑车上，也可以砌筑单独的窑门车，如图 5-9 所示。当采用全轻质材料内衬时，还可采用倾斜升降式窑门，即在窑门升起或降落前，必须使窑门倾斜一定的角度，以使窑车、窑门的曲缝结构彼此脱开，脱开后的窑门在两侧油缸压力的作用下自动升降。

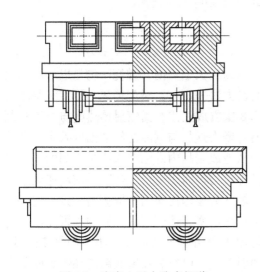

图 5-8 窑车上吸火孔支烟道

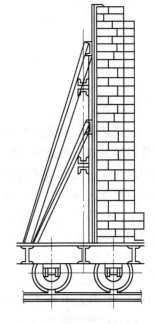

图 5-9 梭式窑窑车式窑门

梭式窑的砌筑体多采用薄壁结构。陶瓷工业用梭式窑窑墙可由轻质砖230mm、纤维毡30mm、外包钢板构成。也有的采用全纤维衬总厚度230mm，表面温度75℃。窑墙减薄后为了防止窑墙受热变形，可把里衬耐火材料同围护钢板用一系列特殊元件钩挂固定起来，允许里衬耐火材料和围护钢板有平行的膨胀与收缩，但不允许里衬向内倾斜。采用此种薄墙，多用悬挂式平顶结构，这种结构把窑墙和窑顶分隔开来，窑墙不再承受窑顶自重压力。同时在窑顶处采用压力平衡装置，如图 5-10 所示，这种装置不仅可以降低悬挂构件及窑顶砌块的温度，还可以通过调整风量，使窑内压力和窑顶挂钩砖区域压力达到平衡，减少漏气并延长窑顶寿命。

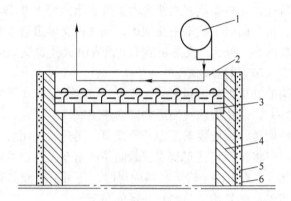

图 5-10　窑顶压力平衡装置

1—压力平衡风机；2—窑顶盖板；3—悬挂窑顶砖砌块；

4—轻质砖窑墙；5—纤维保温砌块；6—窑墙钢板

5.2.2　燃烧技术

梭式窑通常都采用高速调温烧嘴。因为在火焰炉内，燃烧产物是以对流和辐射传热的方式将热量传给制品的。当装窑方法一定时，对流传热与烟气和制品之间的温差成正比，与窑内烟气流速的 0.8 次方成正比；而辐射传热则与烟气和制品绝对温度的四次方的差成正比。若通过增大烟气与制品之间的温度差来提高传热速率，从传热角度来看是有利的，但从造成制品内外温差来说是不利的。如果通过增大烟气的流速，就能使整窑制品都较均匀而迅速地加热。采用高速调温烧嘴，烟气与制品间的温差不大，而窑内烟气流速却比使用一般烧嘴大数十倍，从而在保证制品烧成质量的同时，提高了传热速率，达到制品允许的尽可能快的烧成目的。传统的自然通风倒焰窑，在低温阶段由于燃料消耗量小，烟气流速低，不易均匀地充满整个窑室，容易使窑内温差大，以致装在窑底部的坯体表面凝有水珠；对流传热作用仍较小，不可能在制品所允许的速度下快速烧成，使制品整个烧成周期延长，燃耗增加。而梭式窑在采用高速调温烧嘴后，燃烧产物以很高的速度（100m/s 以上）喷射入窑。在整个烧成过程中，燃烧产物的对流传热速率大大提高；即使在高温阶段，对流传热作用也很大，且能使整窑制品均匀烧成。这就会缩短窑的生产周期，提高窑的生产能力和产品质量，节省燃料，降低成本。

在使用高速调温烧嘴时，码放坯体时要留适当的火焰通道，使窑内气体能旋转，避免高速火焰直接冲刷到坯体表面，影响火焰流动，造成较大温差。烧嘴应在同一水平面上交错布置，以免互相干扰，减弱高速喷射作用，其布置情况如图5-11 所示。

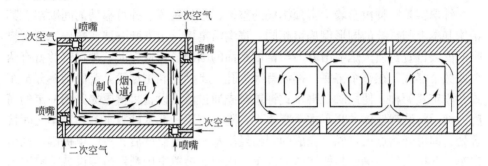

图 5-11　高速调温烧嘴布置及窑内气体循环

在梭式窑中，除进出窑外，窑车是固定不动的，故窑室的密封性比隧道窑好。此外，由于窑车不动，可保证烧嘴对准窑车上留出的火焰通道，这也比隧道窑使用高速调温烧嘴方便些。

5.2.3　控制技术

现代化梭式窑采用微处理机对窑温、窑压及气氛进行自动控制。

（1）温度控制。大容积梭式窑采用多个烧嘴时，可分成几个区域进行温度控制。每个区域的温度由一台单回路调节器带动执行电机，开大或关小煤气、空气联动阀门来进行控制。各台温度调节器所控制温度的给定值由一台装有微机的程序器来遥控。这样将烧成曲线存入程序器中，窑内温度就会按给定的曲线自动升温或保温。焙烧不同产品所需要的程序还可存入模块中，更换产品时将相应模块插入程序器就可启动运行。

（2）压力控制。对梭式窑内压力进行自动控制，在烧成全过程窑内可具有一个较固定的压力值。传统间歇窑采用自然通风，随窑内燃料量、空气量及烟道闸板的变化，窑内压力变化很大。若采用机械排烟，把温度与压力控制分开，温度通过煤气和一次空气联动控制，压力则通过一台带有微机的调节器通过执行电机带动排烟机进口翻板单独进行调节。

（3）气氛控制。燃料燃烧情况是通过煤气、一次空气联动调节进行的，这种联动调节控制可使燃烧在任何情况下都处于完全燃烧状态，使火焰呈中性。氧化气氛是通过改变二次空气流量来实现的。还原气氛则是通过专门设置的还原气氛管道通往燃烧器内，按工艺要求焙烧进入还原阶段，二次空气关闭，与此同时还原煤气通过程序器自动与燃烧器接通，对气氛的具体要求通过改变其流量来实现。

此外，新型梭式窑还要具有比较完善的监测安全联锁保护系统及报警装置。

5.3 钟罩窑

钟罩窑是一种由窑墙、窑顶构成的整体，形如钟罩、并可移动的间歇窑。其结构基本上与传统的圆形倒焰窑相同。烧嘴沿窑墙周边安装一层或数层，每个烧嘴的安装位置都使火焰喷出方向与窑横截面的圆周成切线方向。钟罩窑常备有两个或数个窑底，在每个窑底上都设有吸火孔、支烟道和主烟道。窑底结构分窑车式和固定式两种。使用时，窑车式钟罩窑先通过液压设备将窑罩提升到一定的高度，然后将装载坯体的窑车推至窑罩下，降下窑罩，严密砂封窑罩与窑车之间接合处，即可开始点火烧成。烧成的制品经冷却至一定温度后，将窑罩提起，推出窑车，并推入另一辆已装好坯体的窑车。固定式钟罩窑则利用吊装设备将窑罩吊起，移至装载好坯体的固定窑底上，密封窑底与窑罩，即可点火焙烧。制品经烧成冷却后，再将窑罩吊起，移至另一个固定窑底上，用于另一座窑的烧成。

这种窑可以取消一般窑炉所需的窑门。但由于窑墙、窑顶是可移动的整体结构，受窑罩结构和吊装设备的限制，故容积不能太大。

由于钟罩窑装卸制品不受窑体限制，与传统倒焰窑相比，大大改善了劳动条件，减轻了劳动强度。这种窑特别适宜于小批量生产。某些采用高速调温烧嘴、轻质内衬材料的钟罩窑，不但减少了窑体蓄热量和散热量，而且大大减轻窑罩的金属钢架结构和吊装设备的负荷。这种窑也可以采用程序控制系统，实现窑炉各阶段自动控制升温。

用电加热的钟罩窑，结构更简单，钟罩可用高温耐火纤维毡制成，更加轻型化、蓄热量大为减少。

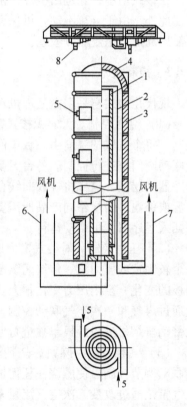

5.4 蒸笼窑

蒸笼窑属于大型瓷件的焙烧设备，窑体为圆形，其高度可达4m以上，如图5-12所示。笼体由若干节组成，用增减笼体节数来适应产品的高度。每节笼体上装有2~4个沿切线方向布置的烧嘴。为了使产品受热均匀，在被烧制的瓷件周围有一层围钵，火焰主要在窑体与围钵之间流动，围钵上开有小孔，使少量气流

图 5-12 蒸笼窑示意图
1—套管；2—围钵；3—笼体；4—窑顶；
5—喷嘴；6—内排烟；7—外排烟；
8—吊车

与瓷件接触，类似于半马弗炉结构。蒸笼窑采取了内外分别排烟方式，一部分烟气在围钵外面经吸火孔排走，还有一部分经瓷套内孔排入烟道，这样有利于瓷套内外受热均匀。

　　传统倒焰窑、平焰窑在高度方向上都存在着温度差，特别是低温阶段温差更大。蒸笼窑虽高，但采用增加笼体节数的方法使上下温差很小。若在蒸笼窑上采用高速烧嘴，可形成强烈旋转气流，使沿高度方向上温差不大于20℃，并且消除了一般燃烧器喷口处局部过热现象，可以实现无围钵烧成，火焰直接向制品传热，强化了窑内传热，省去了加热围钵耗热，简化装出窑操作，为缩短烧成时间节约燃料创造了条件。

6 原料轻烧炉

原料轻烧炉有多层炉、沸腾炉和悬浮炉等。这些设备不仅作为原料的轻烧炉，根据他们的工作温度，所处理的物料工艺目的不同，还可作为物料干燥、预热和煅烧设备，有的还可作为固体燃料的燃烧设备。

6.1 多层炉

图 6-1 所示为一种形式的多层炉。它具有一个多层的筒形炉体，外表面由钢板围成，内砌耐火材料。每一层的炉顶均由耐火材料构成，并设有下料孔。通过

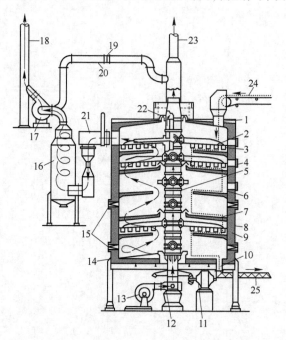

图 6-1　多层炉

1—送料口；2—耙臂；3—耙齿；4—小门；5—中心轴；6—内炉膛；7—下料孔；
8—钢壳；9—耐火炉衬；10—产品出口；11—电动机；12—冷却空气；
13—鼓风机；14—底封；15—烧嘴；16—文丘里洗涤器（或收尘器）；
17—引风机；18—通入大气的干净空气；19—闸板；20—风管系统；
21—气体出口；22—顶部密封；23—冷却转轴的空气（通向大气、
或进燃气烧嘴或进热交换器）；24—送料；25—产品处理系统

炉子中心的垂直转轴带动耙臂旋转，耙臂上有齿借以耙拌物料，故也将这种炉子称为耙式炉。在耙臂的作用下，可将加在周边的物料耙向中心，而在另一层则又可将集中在中心的物料耙向周边，亦即按螺旋路线推动物料由上至下依次通过各层，最后经炉底卸出。在炉子中段数层设置烧嘴，燃料在炉膛内直接燃烧。耙臂用空气冷却，空气由通风机送至中心转轴，并通过一条通道流至耙臂前端，再从臂的外层间隔室返回到耙根部，经由中心转轴中的外环形通道流至排气孔排出。该空气可以作为助燃空气或作为其他热源。

多层炉由于物料被分配在多层炉膛内，加之耙齿对物料的搅拌作用，因此具有热交换条件好，产品质量较均匀等优点。其缺点是烟气中含尘较多，设备比较复杂。

6.2 沸腾炉

当流体（气体或液体）由装有箅板的竖直容器的下部通过箅板上的散料层，且当流体速度大于临界流化速度的情况下，颗粒物料将处于悬浮状态，且具有较明显的上表面，这一较紧密悬浮的颗粒物料层称为沸腾床或流化床。

轻烧氧化镁粉的沸腾炉如图6-2所示，矿粉经旋风系统预热至400℃后进入沸腾炉。炉内下部为浓相流化床，上部为稀相流化床，经雾化的燃油在沸腾炉内燃烧，助燃空气由分布板进入，使床层颗粒沸腾，并将矿石加

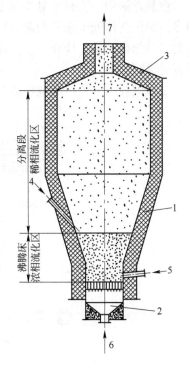

图6-2 沸腾炉结构示意图
1—炉体；2—空气分布器；3—炉顶盖；
4—进料口；5—喷油口；
6—进风口；7—出口

热、分解（煅烧），在炉内轻烧过的氧化镁细粉经过稀相段被烟气带出炉外，未煅烧好的菱镁矿继续在炉内轻烧，已变细的菱镁矿离开沸腾床进入稀相区继续分解，合格的轻烧氧化镁粉被烟气带出炉外，少量未分解的杂质集于炉底，定期清除。该沸腾炉主要技术参数见表6-1。

表6-1 沸腾炉主要技术参数

加矿量 /t·h^{-1}	产量 /t·h^{-1}	轻烧温度 /℃	产品耗油量 /kg·t^{-1}	标态风量 /m^3·h^{-1}	单位产品电耗 /kW·h·t^{-1}
3.4~3.9	1.6~2.0	850~900	133~147	1850	99.4

6.3 悬浮炉

悬浮炉是在载热气体作用下，使细粒状或粉状物料悬浮于热气流之中，气、固间发生激烈的传热和传质过程的一种窑炉。

在悬浮炉中，物料呈悬浮状态，传热传质速率比物料在固定床和沸腾床中大得多。炉内气体处于激烈的紊流状态，燃料燃烧均匀，炉温均匀。物料的受热也均匀。且结构简单，操作方便。在悬浮炉中，物料的收集必须靠气、固两相分离后方可得到。

二步煅烧工艺生产高纯镁砂过程中所采用的悬浮焙烧炉工作系统如图 6-3 所

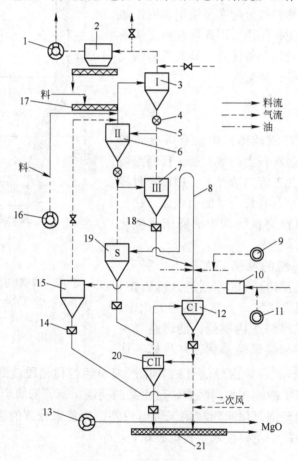

图 6-3 悬浮焙烧炉系统

1—排烟机；2—布袋除尘器；3—旋风预热器Ⅰ；4—格式锁气器；5—粉料溜管；6—旋风预热器Ⅱ；
7—旋风预热器Ⅲ；8—反应管；9—主一次风机；10—燃烧室；11—辅助一次风机；12，20—旋风
冷却器；13—成品输送风动泵；14—单板阀锁气器；15—旁路旋风除尘器；16—加料风动泵；
17—加料螺旋机；18—双板阀锁气器；19—成品集料器；21—成品出料螺旋

示。

该炉用以焙烧菱镁矿浮选精矿粉。炉子主要由三部分构成：（1）原料预热系统，主要由Ⅰ、Ⅱ、Ⅲ三级旋风预热器及其进气管和下料溜子等组成；（2）原料轻烧系统，主要由燃烧器、反应管、旋风收料器和下料溜子等组成；（3）冷却系统，主要由二级旋风筒、进口管和下料溜子等组成。

符合要求的合格原料由加料螺旋机 17 或加料风动泵 16 加至Ⅱ级旋风预热器 6 的排气管内，以相近于气流的速度和气体同向流动，并被气体加热，一起进入Ⅰ级旋风预热器 3，在Ⅰ级旋风预热器中与气流分离并沉积，完成第Ⅰ级预热过程。从Ⅰ级旋风预热器 3 沉积的物料通过粉料溜子进入Ⅲ级旋风预热器 7 的排气管内，被气流带入Ⅱ级旋风预热器 6，在Ⅱ级旋风预热器中物料再次被分离沉积，完成第Ⅱ级预热过程。其后进入第Ⅲ级旋风预热器 7，进行第Ⅲ级预热，完成全部预热过程。经Ⅲ级预热后的原料温度已达 600～700℃，碳酸盐分解率达25% 左右，最后由第Ⅲ级旋风预热器的下料溜子进入反应管 8 中进行轻烧。物料的轻烧主要在反应管内完成。

在反应管底部，大约在与进料点相同的水平面上，燃料由烧嘴入反应管，与来自冷却系统的、温度为 600～700℃ 的二次风混合、燃烧。燃烧放出的热量被悬浮于气流中的物料立即吸收，物料分解瞬间完成，即物料在反应管内仅停留1.3～1.5s 即可完成轻烧。轻烧后的物料被气体带入收集成品料的成品集料器 19 中，经分离后通过溜子进入冷却系统。

同物料在预热系统的运动规律一样，物料经旋风冷却器 12、20 二级冷却后被排出炉外，由螺旋 21 或风动泵 13 送至下步工序。经二级冷却后，物料由850～950℃降至 300℃以下。

出Ⅰ级旋风预热器的废气温度一般低于 180℃，经布袋除尘器净化后由排烟机排入大气。

7 玻璃工业窑

玻璃生产中所用的热工设备统称为玻璃窑炉，其中包括玻璃熔窑、退火窑和一些玻璃加工用的窑炉。熔制玻璃的窑炉有池窑及坩埚窑两大类型，以下以池窑为主，介绍其结构特点及有关的热工特性。对坩埚窑仅作一般介绍。

7.1 玻璃的熔制过程

玻璃料的熔制是在玻璃熔窑中进行的，为了解玻璃熔窑的结构与性能，必须首先了解玻璃的熔制过程。

按照料方混合好的配合料，经过高温加热形成玻璃液的过程，称作玻璃的熔制。熔制过程的目的是要获得均匀、纯净、透明、并适合于成形的玻璃液。

玻璃熔制是玻璃制造中的主要过程之一。熔制速度和熔制的合理性对产品的质量、产量和成本的影响很大。

玻璃熔制过程可依次分为五个阶段。

7.1.1 硅酸盐形成阶段

配合料入窑后，在高温（约 800～1000℃）作用下迅速发生一系列物理的、化学的和物理-化学的变化，如粉料受热、水分蒸发、盐类分解、多晶转变、组分熔化以及石英砂与其他组分之间进行的固相反应。这个阶段结束时，配合料变成由硅酸盐和游离的二氧化硅组成的不透明烧结物。

7.1.2 玻璃液形成阶段

配合料加热到1200℃时，形成了各种硅酸盐，出现一些熔融体，还剩一些未起变化的石英砂粒。继续升高温度时，硅酸盐和石英砂粒完全熔解于熔融体中，成为含大量可见气泡，在温度上和化学成分上不够均匀的透明的玻璃液。

硅酸盐形成与玻璃液形成阶段没有明显的界限。硅酸盐形成阶段尚未结束时玻璃液形成阶段已开始。两个阶段所需时间相差很大，硅酸盐形成进行得极为迅速，而玻璃液形成却很缓慢。实际熔制时配合料直接加热到1300℃左右，硅酸盐形成得快，要划分这两个阶段很困难。所以生产上把这两个阶段视为一个阶段，称为配合料熔化阶段。

7.1.3 玻璃液澄清阶段

玻璃液形成阶段结束时，整个熔融体包含许多气泡和灰泡（小气泡）。从玻璃液中除去肉眼可见的气体夹杂物，消除玻璃液中的气孔组织的阶段称为澄清阶段。当温度升高时，玻璃液的黏度迅速降低，使气泡大量逸出。因此，澄清过程必须在较高的温度下进行。

7.1.4 玻璃液均化阶段

玻璃液形成后，各部分玻璃液的化学成分和温度都不相同，还夹杂一些不均体。为消除其不均性，获得均匀一致的玻璃液，必须进行均化。均化过程与澄清过程混在一起，没有明显的界限，可以看作一面澄清，一面均化，而均化的结束往往在澄清之后。

玻璃液的均化主要依靠扩散和对流作用。高温是主要条件，因为它可以减小玻璃液的黏度，使扩散作用加强。此外，搅拌是提高均匀性很好的方法。

7.1.5 玻璃液冷却阶段

澄清均化后的玻璃液黏度太低，不适于成形，必须将其黏度提高到成形所需的范围，所以玻璃液要均匀冷却到成形温度。根据玻璃性质和成形方法的不同，成形温度比澄清温度低200~300℃。

必须指出，以上五个阶段的作用和变化机理各有特点，互不相同，但又彼此密切联系。在实际熔制过程中各阶段之间没有明显的界限，有些阶段可能是同时或部分同时进行的。

玻璃熔制过程是在玻璃熔窑内实现的。所以玻璃熔窑的结构尺寸、砌筑材料、热工制度等因素都直接影响着玻璃熔制过程。

7.2 玻璃池窑

玻璃池窑是最普遍的一种玻璃熔窑。由于配合料在这种窑的槽形池内被熔化成玻璃液，故名池窑。

7.2.1 玻璃池窑的分类

按照不同的分类方法，池窑可按以下几种方式分类。

（1）按使用热源分类：

1）火焰窑。以燃烧燃料为热能来源。燃料可以是煤气、重油和煤。

2）电热窑。以电能作为热量来源。

3）火焰-电热窑。以燃料为主要热源，电能为辅助热源。

（2）按熔制过程连续性分类：

1）间歇式窑。玻璃熔制的各个阶段系在窑内同一部位不同时间依次进行，窑的温度制度是变动的。

2）连续式窑。玻璃熔制的各个阶段是在同一时间、不同部位同时进行，窑内温度制度是稳定的。

（3）按烟气余热回收设备分类：

1）蓄热式窑。按蓄热方式回收烟气余热。

2）换热式窑。按换热方式回收烟气余热。

（4）按窑内火焰流动的方向分类：

1）横焰窑。窑内火焰做横向流动，与玻璃液流动方向相垂直。

2）马蹄焰窑。窑内火焰呈马蹄形流动。

3）纵焰窑。窑内火焰做纵向流动，与玻璃液流动方向相平行。

池窑内气体流动方向如图 7-1 所示。

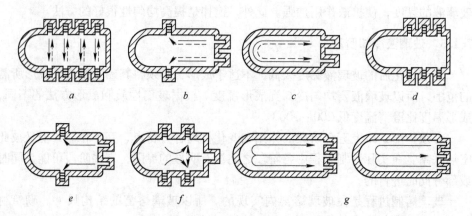

图 7-1　池窑内气体流动方向

a—横向火焰窑；b—蓄热式纵火焰窑；c, g—马蹄形火焰窑；
d—横火焰窑；e—换热式纵火焰窑；f—联合火焰窑

（5）按制造的产品分类：

1）平板玻璃窑。制造平板玻璃、压延玻璃等。

2）日用玻璃窑。制造瓶罐、器皿、化学仪器、医用、电真空及其他工业玻璃。

（6）按窑的规模分类：

1）大型窑。日产玻璃液 150~400t；

2）中型窑。日产玻璃液 50~150t；

3）小型窑。日产玻璃液 50t 以下。

7.2.2 玻璃池窑结构

根据我国目前能源情况，玻璃池窑基本上都采用火焰池窑，火焰池窑的结构包括：玻璃熔制，热源供给，余热回收，排烟供气四大部分。图7-2为典型的蓄热式横焰池窑的立体图，各部分的结构和作用分述如下。

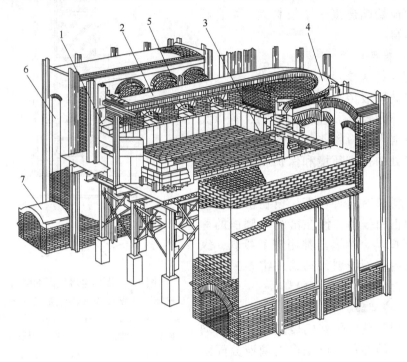

图7-2 蓄热式横焰池窑立体图

1—投料口；2—熔化部；3—液流洞；4—冷却部；5—小炉；6—蓄热室；7—烟道

7.2.2.1 玻璃熔制部分

A 熔化部

它是进行配合料熔化和玻璃液澄清、均化的部分，鉴于采用火焰表面加热的熔化方法，熔化部分为上下两部分。上部称为火焰空间，下部称为窑池，如图7-3所示。

火焰空间充满来自热源供给部分的炽热火焰气体，在此，火焰气体将自身热量传给玻璃液、窑墙和窑顶。火焰空间应使燃料完全燃烧，保证供给熔化、澄清所需的热量（尚需留有一定余热），在结构上应尽量减少向外界散热。

火焰空间由胸墙和大碹构成。为便于热修，胸墙和大碹单独支承。

窑池是配合料熔化成玻璃液并进行澄清的地方，它应能供给足够量的熔化完全、透明的玻璃液。

窑池由池壁和池底两部分构成。池壁和池底均用大砖砌筑，为便于大砖制造，减少材料加工量和施工方便，窑池基本上都呈长方形或正方形。

窑池始端连接一个投料池，配合料在此入窑。

B 投料口

配合料从投料口投入窑内，受火焰空间和玻璃液传来的热量，在投料口处配合料部分熔融（尤其是表面），可以大大减少窑内的料粉飞扬，同时也改善了投料口处的操作环境和保护投料机不被烧坏。

投料口有两种位置，设在窑纵轴前端的称正面投料，设在窑纵轴侧面的称为侧面投料。横焰窑都用正面投料，纵焰窑都用侧面投料，马蹄焰窑多采用侧面投料，个别的为正面投料。

C 冷却部

冷却部是熔化好的玻璃液进一步均化和冷却的部位，也是将玻璃液分配给各供料通路的部位。冷却部应供纯净、透明、均匀且具有既定温度的玻璃液。

D 分隔装置

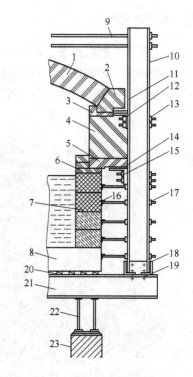

图 7-3 横焰窑熔化部剖面图

1—窑顶（大碹）；2—碹脚（碹渣）；3—上间歇砖；4—胸墙；5—挂钩砖；6—下间歇砖；7—池壁；8—池底；9—拉条；10—主柱；11—碹脚（渣）角钢；12—上巴掌铁；13—连杆；14—胸墙托板；15—下巴掌铁；16—池壁顶铁；17—池壁顶丝；18—柱脚角钢；19—柱脚螺栓；20—扁钢；21—次梁；22—主梁；23—窑柱

在熔化部和冷却部之间的气体空间和窑池玻璃液中都设有分隔装置。

（1）气体空间的分隔装置。为使熔化澄清好的玻璃液迅速冷却和减少熔化部作业制度波动对冷却部的影响，在熔化部和冷却部之间的气体空间设了分隔装置。分隔装置由完全分隔和部分分隔两种。完全分隔可以免除熔化部向冷却部散热，减少熔化部的热量支出，减轻了冷却部散热的负担，减少了冷却部的面积，完全分隔后，冷却部的温度只受玻璃液流动的影响，便于控制。但用低热值燃料时，由于冷却部玻璃液温度较低，需熔化部给予一部分的热量时，则不能完全分隔。分隔方法如图 7-4 所示。

（2）玻璃液分隔装置。为使熔化澄清好的玻璃液迅速冷却，挡住液面上未熔化砂粒和浮渣，并调节玻璃液流，在熔化部和冷却部之间的窑池中设立了分隔

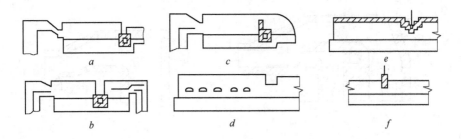

图7-4　气体空间分隔

a，*b*—完全分隔；*c*—花格墙；*d*—矮墙；*e*—吊矮墙；*f*—吊墙

装置。其装置有浅层和深层分隔两种。浅层分隔目前有卡脖和冷却水管两种，深层分隔装置有流液洞、窑坎等。各种玻璃液分隔装置如图7-5所示。

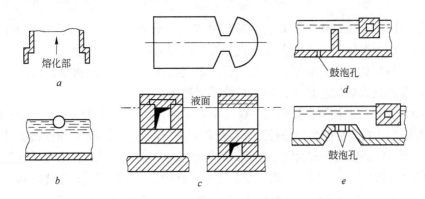

图7-5　玻璃液分隔装置

a—卡脖；*b*—冷却水管；*c*—流液洞；*d*—窑坎（挡墙式）；*e*—窑坎（斜坡式）

E　热源供给部分

为供给热源，设置了燃料燃烧设备，俗称小炉。小炉结构应保证火焰有一定长度，有足够大的覆盖面积，紧贴玻璃液面、不发飘、不分层，还要满足窑内所需的温度和气氛要求。小炉结构随燃料种类不同略有不同。其结构包括空气、煤气通道，舌头，预燃室和喷火口四部分。烧发生炉煤气的小炉结构如图7-6所示。

（1）空气、煤气通道。这是经过加热的空气、煤气离开蓄热室后，在进预热室会合之前流过一段通道。空气、煤气通道也是烟气从火焰空间排至蓄热室所经的通道。由直立和水平通道组成。

（2）舌头。它是分隔空气、煤气的水平通道。舌头的长短、厚薄和形状对火焰长度和发飘情况有很大关系。

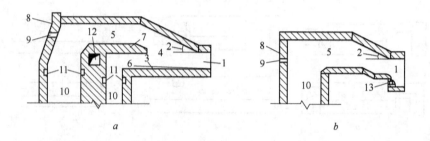

图 7-6　小炉结构

a—烧煤气小炉；b—烧油小炉

1—喷出口；2—空气下倾角；3—煤气上倾角；4—预燃室；5—空气水平通道；
6—煤气水平通道；7—舌头；8—后墙；9—看火孔；10—垂直上升道；
11—闸板台；12—风洞；13—喷嘴砖

舌头的长度盖过煤气上升道，其超过煤气上升道的一段长度称作探出长度，探出长度能控制煤气向上倾角和空气、煤气的混合以及预燃程度。

舌头的形状有拱舌和平舌两种。目前都用拱舌，它能克服火焰发飘，尤其是喷出口碳渣处火焰发卷现象，使火焰能平射喷出。

（3）预燃室。预燃室是空气、煤气出水平通道后，借助气流涡动、分子扩散和相互撞击，在入窑前预先进行部分混合和燃烧的地方。因为混合速度远比燃烧速度慢，为了保证煤气在窑内完全燃烧，故设预燃室。由此可见，预燃室长度是一个重要的结构指标，它是空气、煤气混合燃烧的路程，也反映了混合燃烧时间。

（4）喷火口。喷火口是喷出火焰的地方。火焰由此入窑。喷火口的形状、大小和长度对喷出火焰的速度、厚度、阔度和方向有很大的影响。

燃油小炉结构比烧煤气小炉简单些，它使用油烧嘴，没有煤气通道、舌头，甚至没有预燃室。

F　余热回收部分

为了提高窑内火焰温度，设置了烟气余热回收设备。利用烟气余热来加热助燃空气和煤气，预热的空气、煤气可以加速燃烧，提高火焰温度和节省燃料。

烟气余热回收设备有蓄热室、换热器和余热锅炉。图 7-7 所示为具有蓄热室的池窑。蓄热室是用耐火砖（格子砖）作蓄热体，蓄积从窑内排出烟气的部分热量，来加热进入窑内的空气、煤气。蓄热室结构简单，可加热大量气体，并且可以把冷气体加热到较高温度。但蓄热室系间歇作业，加热不稳定，当用连续式池窑时必须成对配置，并且一定要使用交换器。

G　排烟供气装置

为使池窑作业连续、正常、有效地进行，设置了一套排烟供气系统。包括交换器，空气、煤气通道、中间烟道、通风机、总烟道、烟囱等，图7-7所示为烧煤气排烟供气系统。

交换器是气体换向设备，它能依次向窑内送入空气、煤气以及由窑内排出烟气。此外，还能调节气体流量和改变气体流动方向。交换器的类型较多，图7-8所示为闸板式交换器。

烟道除用作排烟供气外，还能通过闸板调节气体流量和窑内压力。在中间烟道和总烟道上设闸板。中间烟道闸板用来调节烟气在空气、煤气蓄热室中的分配，因而也能调节煤气预热温度。

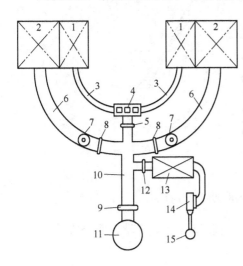

图7-7　排烟供气系统

1—煤气蓄热室；2—空气蓄热室；3—煤气通道；
4—跳罩式煤气交换器；5—中间闸板；6—空气
通道；7—圆盘阀；8—水冷闸板；9—大闸板；
10—总烟道；11—大烟囱；12—余热锅炉闸板；
13—余热锅炉；14—排烟泵；15—小烟囱

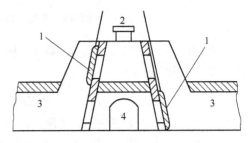

图7-8　闸板式交换器

1—闸板；2—空气入口；3—空气通道
（通空气蓄热室）；4—总烟道（通烟囱）

7.2.3　玻璃池窑的工作原理

在大型池窑内，经常存放着1000t或1000t以上的玻璃液。这些玻璃液在窑内进行着复杂的流动，对生产影响很大。

7.2.3.1　池窑内玻璃液的流动

在连续式玻璃池窑内，玻璃熔化的各个阶段是在同一时间、不同地区进行的。正因为这一特点，就决定了它在窑内沿着物料前进方向的温度分布是不同的。窑内温度制度的确定，主要是根据玻璃熔化过程，满足各个阶段所要达到的温度。在窑池的纵向和横向上，玻璃液都存在温度差，纵向的温差可由各阶段的温度分布看出，而横向温度差则是窑中心温度高，两侧靠池墙的玻璃液温度低。

玻璃液的密度与温度成反向变化，因此，玻璃液的温度差引起了玻璃液的密度差，在池窑内有着不同密度的玻璃液，就不免要产生流动。现取窑池中两个截面来讨论。

如图7-9所示，设A是温度较高的部位，B是温度较低的部位，在A处的玻璃液密度为ρ_1，B处的玻璃液密度为ρ_2，显然$\rho_2 > \rho_1$。

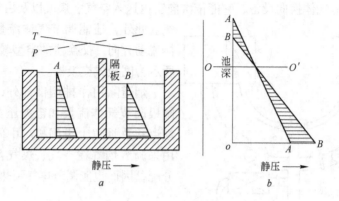

图7-9　沿池深玻璃液的静压分布

假定用隔热板把A、B两处隔开，使其间玻璃液互不流动，而仍维持它们对窑底的静压相同，即

$$P = H_1\rho_1 g = H_2\rho_2 g \tag{7-1}$$

式中　H_1，H_2——分别为A，B两处的液面高度，m。

由于$\rho_2 > \rho_1$，因此$H_1 > H_2$，密度差愈大，高度差也愈大。如果将隔板移开，A处上部的玻璃液自动流向B处，由于这一流动，引起液面高度的变化，两处的静压强分布当然也就产生相应的变动。

从图7-9中A、B两处静压分布的重叠投影可以看出，在O—O'截面以上，A处玻璃液的静压大于同一水平面B处的静压，故玻璃液是由A流向B，O—O'截面以下，B处玻璃液的静压较同一水平面A处为大，故玻璃液又由B流向A。如果不考虑其他外界影响，当A、B液面达到这样一个高度时，即由A流向B的玻璃液相当于B流向A的量，这时玻璃液的高度就处于稳定，而A、B两处的玻璃液在不同高度进行稳定的循环流动，通常把这种流动称为玻璃液的自然对流。

玻璃液流动的推动力乃是由于密度差而引起的静压差，而静压差的大小首先决定于温度的分布，如果其他条件不变，玻璃液流程上温度梯度愈大，对流也就愈激烈。

但是，玻璃液流动时，必须克服各层相互滑动的摩擦力。因而它又和玻璃液的黏度有关，而黏度的大小除决定于玻璃成分外，与所处的温度也有关系。众所周知，玻璃液黏度在高温时随温度变化小，低温时随温度变化大，所以，窑池表面层的玻璃液流速大，越向下，黏度增长越快，流速越来越小，到接近池底时已成为不动层。

窑的结构也影响着对流，因窑结构不同而造成散热条件不同，引起对流的差异，玻璃液分隔装置对玻璃液流动有很大影响。

其他如投料推力、成形速度、火焰空间温度分布、火焰长度、小炉喷出口火焰下倾角等都能引起玻璃液对流的某些变动。

池窑中的玻璃液流，按其流动方向的不同可分为：纵流、横流及回旋流。

纵流时沿窑长方向流动的液流，又有直流和回流之分。在玻璃液表面，由热点流向投料口和由热点流向成形部的液流称为直流。从深层流回至澄清带的液流称为回流。由池底升起的玻璃液流，从热点流向各个方面，因此热点也被称为液流源泉。

横流是在窑宽方向上，窑中心温度高于两侧池墙，因而自热点中心向两旁引起玻璃液的横向流动。

回旋流是纵流、横流搅和在一起形成的回旋流动。

图 7-10 为由热点形成的纵流、横流示意图。

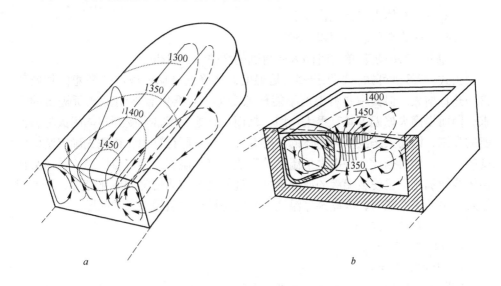

图 7-10   由热点形成的液流

a—纵流；b—横流

7.2.3.2 池窑内热交换

在目前普遍采用火焰作表面加热的熔窑内，加热过程是在窑内火焰空间、玻璃液和配合料内进行的。其中存在固体、液体、气体本身及相互间的热交换。

（1）火焰空间内的热交换。池窑火焰空间内存在着火焰—玻璃液，火焰—窑体，窑体—玻璃液之间复杂的热交换过程。这些热交换主要包括热辐射和热对流两种传热方式。研究资料指出，火焰和窑体传给玻璃液的热量90%是以辐射方式，10% 以对流方式进行。其传热量通常用下式表示。

当窑体内表面对外热损失等于火焰以对流方式供给窑体的热量时

$$T_L^4 = T_m^4 + \frac{\varepsilon_g [1 + \varphi_{L.m}(1 - \varepsilon_g)(1 - \varepsilon_m)]}{\varepsilon_g + \varphi_{L.m}(1 - \varepsilon_g)[\varepsilon_m + \varepsilon_g(1 - \varepsilon_m)]}(T_g^4 - T_m^4) \qquad (7-2)$$

$$Q = \varepsilon_g \varepsilon_m C_0 \frac{1 + \varphi_{L.m}(1 - \varepsilon_g)}{\varepsilon_g + \varphi_{L.m}(1 - \varepsilon_g)[\varepsilon_m + \varepsilon_g(1 - \varepsilon_m)]}(T_g^4 - T_m^4) A_m \qquad (7-3)$$

式中　T_L——窑体温度，K；

　　　T_g——火焰温度，K；

　　　T_m——物料的温度，K；

　　　ε_g——火焰的黑度；

　　　ε_m——物料的黑度；

　　　$\varphi_{L.m}$——窑体对物料辐射角系数，$\varphi_{L.m} = \dfrac{A_L}{A_m}$；

　　　A_L——窑体内表面积，m^2；

　　　A_m——物料的总表面积，m^2；

　　　Q——窑内物料单位时间内所得到的净热量，kJ/h。

由式（7-3）可知，如果提高火焰温度，或降低玻璃液温度，都能使物料所得净热量增大。但其中物料温度不能任意变更，它要符合熔制工艺所提出的要求，因而提高火焰温度具有重大作用。然而，火焰温度常常受到窑体耐火材料性能的限制，因而火焰温度与窑体的温度有关，在实际计算中，往往先确定窑体温度的大小，然后据此而定出火焰温度的数值。窑体温度必须定得恰当，过高会使窑体烧损加剧，也使玻璃液的质量降低。过低又会减弱熔窑的熔化能力，不能很好发挥窑的潜在能力，因此窑体温度的确定是设计中值得考虑的问题。

由式（7-3）可看出：

$\varepsilon_g = 1$ 时，$T_L = T_g$

$\varepsilon_g = 0$ 时，$T_L = T_m$

实际上，$1 > \varepsilon_g > 0$，因此 $T_g > T_L > T_m$。

火焰黑度越大，窑体温度趋向于火焰温度；火焰黑度越小，窑体温度就趋向于物料温度。

应该指出：火焰和窑体都对玻璃液辐射，如果火焰黑度很大，则窑体的辐射热量很少能达到玻璃液，因为辐射热量在途中已被气体（火焰）吸收，这时主要靠火焰辐射热量来加热玻璃液。

（2）玻璃液内的热交换。玻璃液之间也同样进行着复杂的热交换。玻璃液内的传热方式以辐射和传导为主，对流也起一定作用。

通过液体向深层玻璃液的传热过程有：火焰与窑体对玻璃液面的辐射传热，

以及液面向火焰空间的反射。

透过玻璃液的对流传热与玻璃液的流向同时发生。传导传热是发生在高温表面把热量传给低温的深层，导热系数随玻璃液的性质和温度不同而异，一般随温度升高而增加。

（3）配合料内的导热。窑内配合料料堆是一种多孔性烧结体，其内含有大量气体。因而热导率极小。当烧结体密度为 $1000kg/m^3$ 时，其热导率仅为 $0.964W/（m·℃）$，在导热系数如此小的情况下，料堆很厚时，要把热量传给下层极为困难。

但在窑池内熔制时，单位表面配合料从火焰空间吸收的热量比玻璃液要多两倍左右，加上在投料池的预熔，使配合料入窑后不久，表面就熔化，向下流散，带走了热量，充填了空隙，加快了下层配合料的熔化。同时，从热点流向投料口的玻璃液也加热配合料的下层，所以，配合料入窑不久就改变了原来的状态，形成一种黏稠的带有许多翻腾气泡的玻璃液，使传热状况大为改善。

7.3 坩埚窑

坩埚窑是在窑内放置坩埚，在坩埚内将配合料熔化成玻璃液的。

坩埚窑与池窑相比，窑结构简单，造价较低，建造快，宜于较快投产，其操作制度易调节，并可采用机械搅拌，延长保温时间等方法，生产均匀性较好、质量较高的玻璃。同时，它对工艺的适应性强，可以随时换料或同时在不同坩埚内熔制几种性质和熔制制度相近的玻璃。目前，用于生产的坩埚窑都是间歇性作业的，故其产量小，热效率低，不易实现机械化，玻璃液利用率低，因而生产率不高，且坩埚本身的制造也较复杂，换坩埚时劳动强度大，这些都是不利因素。尽管如此，坩埚窑仍有它的适用性，它适用于生产量少、品种多、产品质量较高或具有某些特殊性能的玻璃，如光学玻璃、晶质玻璃、仪器玻璃等。同时，也适用进行科学研究或试制新品种玻璃。

7.3.1 坩埚窑的分类

坩埚窑可以按照本身的特点来分类。

（1）按气体（火焰）流动的方向可分为倒焰式、平焰式与综合火焰三种。

所谓倒焰式乃是火焰起初向上，然后自上向下进行流动，温度沿整个坩埚的高度均匀分布，玻璃熔制的均匀性较好，可以熔制高级玻璃，但是，由于自窑底抽出烟气，使窑底的温度较高，坩埚底部受到强烈的侵蚀，加速了坩埚的损坏。平焰窑的特点是火焰在坩埚的上面流动，窑底部的气体温度较低，对坩埚底部有一定保护作用。可以在高温下熔制，增加对粉料的热传递，从而提高窑的生产率，减少燃料消耗量，提高窑的热效率。但在操作中，温度沿坩埚的高度分布不理想，特别是在成形阶段，上部温度低，窑底的温度更低，使操作难以进行。在蓄热式坩埚中，可采用综合火焰的形式，即设有两套燃烧设备，既有平焰也有倒焰。在熔化和澄清阶段，是以平焰式进行高温熔制，而在冷却和成形阶段则以倒焰式来改善温度的均匀分布。

（2）按坩埚类型可分为开口和闭口坩埚两种。

开口坩埚由于玻璃液直接与火焰接触，故传热好，熔化快，产量大。根据窑内放置坩埚的数量，又有单坩埚、双坩埚之分。这两种窑主要用来熔制光学玻璃。

闭口坩埚内玻璃液不与火焰接触，由坩埚间接传热，故熔化慢，产量小，但玻璃液不会被污染，也不受气氛性质的影响。可用来熔化铅玻璃及各种有色玻璃。

（3）按燃料燃烧的程度可分成直火式（完全燃烧）与半煤气式（不完全燃烧）坩埚窑两种。

（4）以燃料化学能为热源并按余热回收方式分为蓄热式和换热式两大类。

蓄热式坩埚窑比换热式的热回收率高，因而空气预热温度较高，相应的火焰温度也较高，用开口坩埚时可使窑的热效率提高。但用开口坩埚的蓄热式坩埚窑时，要求所有坩埚同时加料、熔化、冷却和成形。

换热式坩埚中的换热器可用金属换热器或陶瓷换热器。金属换热器的气密性好，传热效果较佳。但要求其材料能耐高温和耐腐蚀。而陶瓷换热器的气密性虽不如金属换热器，但有耐高温和耐腐蚀的特性，因而得到广泛应用。

7.3.2 坩埚窑的构造

坩埚窑由炉膛、燃烧设备、加料设备、余热利用设备、排气和送风设备、气体通道、闸门及热交换器组成。其中一些内容已在池窑一节中述及，此处仅以闭口坩埚的换热式坩埚窑为例介绍其结构特点。坩埚窑内气体流动方向如图7-11

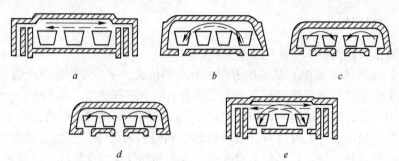

图 7-11 坩埚窑内气体流动方向

a—平焰式；b—倒焰式蓄热室坩埚窑；c，d—倒焰式换热器坩埚窑；e—综合火焰窑所示，坩埚形状如图 7-12 所示，半煤气坩埚方炉如图 7-13 所示。

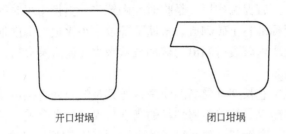

开口坩埚　　　　　　　闭口坩埚

图 7-12　坩埚形状图

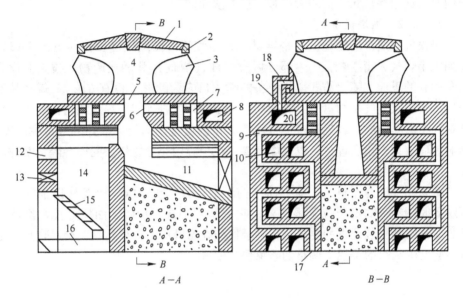

图 7-13　半煤气坩埚方炉简图

1—炉盖；2—炉边；3—坩埚；4—炉膛；5—喷火口；6—二次空气出口（出风口）；
7—方风道；8，20—圈火道；9—风道；10—火道；11—漏料坑；12—加煤口；
13—抽砖（观察或清渣用）；14—半煤气火箱；15—炉栅；16—水箱；
17—二次空气进口；18—小火道；19—吸火口；

7.3.2.1　炉膛

一种广泛采用的闭口坩埚的换热式坩埚窑的炉膛，由窑底、窑柱、窑墙和窑顶等四部分组成。它是燃烧和传热的火焰空间。

窑底俗称炉盘，是炉膛的底座。炉盘的中间是喷火口，喷火口的周围均匀分布着 6~12 个坩埚。每个坩埚的外侧相应各有一个吸火孔。

炉盘处于高温之下，承受荷重且受玻璃液的侵蚀，在生产期间又不能任意更换，故应选用优质耐火材料。

窑柱俗称炉腿，它位于两个坩埚之间，其作用是用来支撑窑顶。

窑墙对炉膛起围蔽保温作用，是临时性砌筑物。更换坩埚时拆除，换完坩埚后再砌好。窑墙用标准黏土砖砌成。窑墙下部设一小火道，窑内烟气经小火道进入吸火孔。为防止坩埚破裂时漏出的玻璃液从吸火孔流入圈火道，故小火道底应高出炉盘一定高度。

窑顶俗称炉盖。它长期承受高温作用，尤其是炉心处直接承受火焰冲击，故应选用优质耐火砖砌筑。炉盖距离炉盘的高度与火焰分布有关，直接影响炉温。

由窑底、窑柱、窑墙和窑顶所组成的窑膛形状有圆形、椭圆形和矩形三种。选用时根据坩埚形状、窑的大小和加热方法而定。

7.3.2.2 燃烧设备

半煤气坩埚窑的燃烧设备是半煤气火箱和喷火筒式燃烧设备（见图7-13）。煤加入半煤气火箱燃烧，产生部分可燃气体（煤气）和燃烧产物。喷火筒设在炉盘中心的下面。喷火筒式燃烧设备的喷火口多为圆形（也有方形）。煤气从底部进入，二次空气从炉盘下圆筒四周以一定的角度进入并与煤气相遇而混合，部分煤气在这里预燃。预燃过多，将使喷火口温度过高而烧坏，并降低窑膛温度，影响玻璃熔化；预燃过少，也会影响煤气在炉膛内充分燃烧，同样会降低窑膛温度。

若采用重油为燃料时，喷火筒结构不变，只需将半煤气火箱换以油喷嘴即可。此时油喷嘴的安装位置很重要，它关系到炉温、炉龄、油耗等技术经济指标。对油喷嘴安装位置的要求是：高温区应在窑膛中心，要达到完全燃烧且应尽量减轻对喷火口的烧损，调整油喷嘴要方便等。

8　电阻炉及电热炉

随着科学技术的发展，无机非金属材料工业在生产电熔制品、科学研究和进行物理力学性能检测中，都需要在高温下进行，并要求准确控制温度；有时候还需要控制气氛和其他工艺条件。而以上所讨论的各种火焰炉，由于他们是利用燃料燃烧所放出的热量来加热的，因而都程度不同地存在着窑内温度不均匀、不易调节、焙烧温度及气氛受到一定限制等缺点，因而往往不能满足上述要求。因此必须要有新型高性能的热工设备，电炉能达到此目的。这是因为与火焰炉相比，电炉具有如下优点：

（1）热效率高。电炉可以直接或间接加热制品，不需要燃烧烟气作传热介质，没有排出废气所造成的热损失，加热空间紧凑，空间热强度高，能达到很高的工作温度。

（2）产品质量好。电炉无需助燃空气，又无烟气，炉内洁净。可以非常精确地控制炉温，严格准确地保持规定的升温制度，炉膛内温度分布均匀。如焙烧温度差一般控制在 $\pm 5 \sim 10$℃范围内。有些电炉温度波动范围很小，且能适应各种升温制度的要求。故经电炉焙烧的产品质量好、合格率高。

（3）能控制各种气氛。可以在隔绝外部空气的同时，将所需要的气体引入炉内，如 H_2、N_2 等，以控制焙烧过程所需的各种气氛。

（4）设备简单，占地面积小。电炉不需要燃烧室、管道、排烟机或烟囱。不需要燃料及炉渣堆场，电炉本身占用场地也少。故能减少工厂及厂房面积，节省设备投资。

（5）炉衬寿命长，结构简单。电炉没有温度极高的局部燃烧部分（燃烧室），也不会因炉灰的影响而损害炉衬，即使损坏，维修也方便，费用低廉，故炉衬寿命长，结构简单。

（6）电炉操作简单，清洁卫生，劳动条件好，能实现自动控制等。

电炉的缺点是附属电器设备比较复杂，装备费用高，电费较贵；要实现还原气氛或中性气氛焙烧时，需另外通入相应的气体。

电炉可分为多种类型，但用得最多的为电阻炉。它的分类方法亦有多种。如按作业方式可分为间歇式、半连续式和连续式操作电炉，按加热方式可分为直接加热和间接加热两种；按工作温度，可分为低温、中温与高温电炉。按结构特点可分为箱式、并式及台式炉，按电热体（元件）材料和形状，可分为钼丝炉、硅碳棒炉、硅钼棒炉、炭粒炉、石墨碳管炉等。

8.1 电阻发热元件

电阻炉的电阻发热元件可分为金属电热体和非金属电热体。在设计电炉时，首先根据生产工艺等条件要求选择合适的电热体材料，既要技术上合理又要节约投资。

对于电热体材料，一般应具有下列条件和性质：

（1）电热体的发热温度要满足工艺要求，电热体的温度一般比炉子操作温度要高 $50 \sim 100 \, ℃$。电热体的温度是指电热体元件在干燥空气中本身的表面温度，也是最高使用温度；炉子操作温度是炉膛温度。

（2）电热体具有较高的电阻率（单位为 $\Omega \cdot cm$），在使用的过程中电阻系数随温升而增大（正值）或减小（负值）。电阻系数随温度而变化的数值称为电阻温度系数。如果某电热体随着温度升高，其电阻温度系数愈小，则电功率的变化也愈小，不至于影响炉膛温度变化，这样供电电路很稳定。如果电阻温度系数较大，如钼在温度升高时，其电阻要加大数倍，电功率随着降低，这样电源电路必须安装调压设备，否则温度不易上升。对于电阻系数的选择一般不能太大或太小。因为在功率一定的炉子里，电阻系数太大会使电热材料粗而短；反之，若电阻系数太小，则电热体细而长，均不利于施工。

用作电热体材料的电热合金，铁铬铝合金的电阻率为 $1.4 \times 10^{-4} \, \Omega \cdot cm$，镍铬合金电阻率约为 $1.11 \times 10^{-4} \, \Omega \cdot cm$。如果是同一形式的电阻炉用铁铬铝合金要省得多，在炉内所占的位置也小。

（3）电热体在高温下必须稳定，既不易氧化，又不与炉内衬砖和气体发生化学反应。但钼、钨等电热体在高温时易氧化，故一般应采取抽真空或通入保护气体，如氢气等。另外，为避免腐蚀性气体直接与电热体接触，可采取隔离措施。

（4）具有优良的力学性能。在高温下不变形，有足够的机械强度和良好的塑性及韧性，容易加工成型。一般电热合金元件经高温使用冷却后易变脆，温度愈高，时间愈长，冷却后脆化愈严重。所以，使用过的合金丝就不易再加工成型了。一切金属在高温下强度都要降低，但作为电热体材料的金属或合金，在高温下一定要有足够的强度才行，否则会造成倒塌或断裂，有短路危险。

（5）线膨胀系数不能太大。这对间歇操作的电炉尤为重要，否则易损坏。

（6）合理使用材料、成本低。我国生产的电热体材料种类日益增加，在满足设计要求的情况下，尽量节约我国目前还供应不足的材料。

目前，用作电热体材料的金属有钼、钨、钽、铂、铂铑合金和一些高电阻的合金，如镍铬合金、铁铬铝合金；非金属电热体材料有石墨、碳化硅、二硅化钼、氧化锆、氧化钍等。下面介绍几种常用的电热体材料。

8.1.1 钼

钼的主要物理性质、化学性质如下：

（1）钼的主要物理性质。钼属于高熔点（熔点2630℃）稀有金属。金属钼具有银灰色光泽，硬而坚韧，钼粉呈暗灰色。钼的密度为 $10.3 \times 10^3 kg/m^3$，电阻率为 $450 \times (1 + 5.5 \times 10^{-3}t)$ $\Omega \cdot cm$，电阻温度系数为 $5.5 \times 10^{-3}1/℃$。

（2）钼的化学性能。钼的抗腐蚀性能是最显著的性能之一。在无氧化剂条件下，金属钼对无机酸具有突出的耐腐蚀性，其抗无机酸仅次于钨。钼是一种容易氧化的金属，故宜在保护性气体或真空中使用。钼在1400℃以上时，其电阻为室温时的9倍多，故钼丝炉必须有调节范围很宽的调压装置，一般采用感应变压器或自耦变压器来调节。钼可以制成丝状、带状或棒状。因为钼的性质很脆，不易加工为螺旋状。钼丝一般是聚成一束在炉膛四周竖绕，或捣打在刚玉炉管里。钼在高温下与耐火材料接触时会起化学作用，在1200℃以上与石墨反应强烈，生成碳化钼；在1900℃时与 Al_2O_3 起作用。也会与 ZrO_2、BeO 及 MgO 等起作用。为了避免钼与耐火材料接触，最好用钩子或支承装置来支持电热体。

8.1.2 钨

钨的主要物理性能、化学性能如下：

（1）物理性能。钨属于难熔稀有金属，熔点高达3410℃，沸点为5900℃，在2000~2500℃的高温下，钨的蒸汽压依然很低，且其蒸发速度小。钨的密度为 $19.3 \times 10^3 kg/m^3$。钨的硬度大，只有进行加热才能压力加工。钨的导电性较好，其导电率高于碳、铁、铂及磷青铜；电阻率为 $500 \times (1 + 5.5 \times 10^{-3}t) \Omega \cdot cm$。其线膨胀系数亦较小。

（2）化学性能。钨在常温下比较稳定，不受空气的侵蚀。钨具有良好的抗腐蚀性能，不加热时，钨与任何浓度的氢氟酸、王水、硝酸、硫酸和盐酸均不起作用。钨在无氧情况下不与碱性溶液（包括氨）起作用。在通入空气或在被加热的情况下，钨微溶于碱性溶液；加入氧化剂后，钨与碱性溶液激烈作用。钨的电阻温度系数也较大，$\alpha_t = 5.5 \times 10^{-3}$（1/℃），使用时也要用变阻器或变压器来调节，否则功率也会有变动。在高温下钨应避免与耐火材料接触。含0.35%铪、40%铼的钨合金可作为各种立式炉中的电热体（炉温高达3100℃）、热屏蔽和热固定器等部件。钨–0.25%铪-碳高温合金在1600℃和1900℃高温下分别具有607MPa和430.5MPa的抗拉强度，这是一种新型电热元件。钨制感应加热器使用温度为2180~2720℃。钨管也是一种良好的电热元件。

钨与钨-26%铼合金所组成的热电偶，测量温度可达2835℃；在氢气或惰性气氛中都具有优良的热电稳定性。

8.1.3 铂

铂的主要物理、化学性能为：

(1) 物理性能。铂是高熔点金属（熔点 1768℃），密度为 $21.45 \times 10^3 kg/m^3$，电阻率为 $9.85 \times 10^{-2} t\Omega \cdot cm$，电阻温度系数为 $3.9 \times 10^{-3} 1/℃(0 \sim 100℃)$，线膨胀系数为 $9.1 \times 10^{-6} 1/℃(20 \sim 100℃)$。铂的微量杂质对其电阻温度系数十分敏感，故常用此系数来衡量铂的纯度。铂具有良好的加工性能，具有非常好的延展性，很容易进行铸造、冷锻和通常的冷加工。纯铂的强度较差，通常添加其他元素，不但可使强度显著提高，而且还能减少蠕变变形。添加的其他元素中，铑的含量越高，韧性越好，熔点也越高，但加工也越困难。

(2) 化学性能。铂的抗氧化和抗腐蚀性能极好，而且熔点高，因而是最好的高温耐腐蚀金属材料。铂是不直接氧化的，是唯一能抗氧化直至熔点的难熔金属。在所有易于加工的材料中，铂及其合金是最耐腐蚀的，是唯一能在氧化气氛下抗熔融玻璃腐蚀的金属材料。使用铂铑合金为电热体的电阻炉，是高温操作的理想热源，在需要严格控制温度和均匀的温度场时尤其是这样。电阻丝中铑的含量有 5%、10%、20%，有时高达 40%。但最常用的是铑 10% 的铂铑合金，安装时一般将电阻丝绕成的线圈镶嵌在陶瓷管或陶瓷板内；在线圈绕组时，应使其应力减至最小。铂铑电阻丝有很高的熔点，电阻炉的工作温度高达 1500℃，甚至在短期内可高达 1700℃ 或 1750℃，含铑 40% 的铂铑电热体可在 1550 ~ 1800℃ 之间操作。铂铑合金在高温下完全不受氧化，这是电阻炉能够在高温下长期使用的重要原因之一。铂铑电热体的电阻炉，当炉温上升到 1500℃ 时，其电阻值几乎增加了 3 倍，此时需用控制设备来调节加热速度。由于铂铑合金稀缺，这样的电炉多用于实验室。

8.1.4 镍铬合金

镍铬合金也称镍基合金。其熔点随合金成分而定，约为 1400℃。在 1100℃ 以上的炉子均可使用该合金为电热材料。该合金的最大优点就是在较高温度下不易氧化，因为在其表面生成氧化铬（Cr_2O_3）薄膜，它可以保护内部的镍铬合金不易氧化，所以不需要任何气体保护。电阻率约为 $1.11 \times 10^{-4} \Omega \cdot cm$，电阻温度系数为 $8.5 \times 10^{-5} \sim 14 \times 10^{-5} 1/℃$。当温度升高时，电功率较稳定。不同成分的镍铬合金其电阻系数及电阻温度系数不同。这种合金高温强度较高，1000℃ 抗折强度为 58.84MPa。镍铬合金的成品为线状或板状，塑性和韧性比较好，适宜于绕制各种类型的电热元件。但这种元件经高温使用后一般要变脆，不能再加工；如果不过烧则仍然较软。镍是比较稀少的金属，且其特性更适用于其他合金，如在某些高温强度及特殊物理性能的合金中是不可缺少的。因此，在热电合金中应尽可能节省或不用镍。

8.1.5 铁铬铝合金

铁铬铝合金的熔点比镍铬合金高，约为1500℃，加热后在其表面生成一层氧化铝（Al_2O_3），该层氧化铝的熔点比铁铬铝合金高，并不易氧化，所以起着保护作用。目前我国生产的高温铁铬铝，最高使用温度可达到1300~1400℃，铁铬铝合金强度是19.6MPa。如果过烧容易变形倒塌，造成短路，缩短使用寿命。此种合金加工性能不太好，性脆硬，可焊性较差，因此需快速焊接。对一般质量合金可采用电弧焊，较高质量要求是宜采用氩弧焊。经加热或使用过的铁铬铝合金性更脆硬，故不能再重新加工。在高温下与酸性耐火材料和氧化铁反应强烈，故炉里或支撑结构需用较纯的氧化铝耐火材料。铁铬铝合金的线膨胀系数较大，设计时应考虑留有余地，供其伸缩。铁铬铝和镍铬电热合金相比各有优点，但总的来说铁铬铝电热合金优点较多。概括起来就是使用温度较高、电阻系数大、电阻温度系数小、表面允许负荷高、密度小、价格便宜。

8.1.6 硅碳棒

硅碳棒的主要成分为碳化硅（SiC）94.4%，SiO_2 3.6%，其余为少量的铝、铁、氧化钙等。熔点为2227℃，使用温度（1400±50）℃。硅碳棒是最常用的非金属电热元件。

硅碳棒用挤压方法制成。低温时其电阻与温度成反比，从室温至（850±50）℃时，电阻由大变小；在（850±50）℃以上，电阻又由小变大，也就是说：元件的电阻温度系数有负值阶段，也有正值阶段，如图8-1所示。这一特点可以防止碳化硅电热元件因电压骤增而被烧坏。空气与碳酸气在高温时对硅碳棒起氧

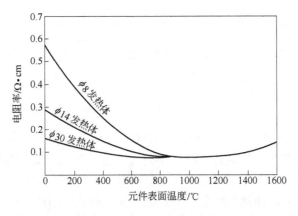

图8-1 SiC电热元件电阻率与电热体表面温度的关系

化作用，主要表现为增大其电阻；在使用 60～80h 后，其电阻增加 15%～20%，以后即逐渐缓慢，这种现象称为"老化"。硅碳棒老化后就要降低电流，要使功率稳定势必增加电压，故硅碳棒电阻炉需要调压装置。

硅碳棒的电阻系数很大，能承受较高的加热温度，故硅碳棒一般都做成两端加粗的形状，以免两端过热。硅碳棒在高温下不易软化，但质脆容易损坏。

硅碳棒"老化"的原因，是由于在高温下空气中的 O_2、CO_2 和水蒸气能强烈地促使其氧化，生成玻璃态的 SiO_2 薄膜，而 SiO_2 的电阻率较 SiC 的大，故使电阻增加。但由于这层 SiO_2 薄膜可以保护内层 SiC 不再继续氧化，所以在连续使用一定时间后，电阻的增加将缓慢下来。间歇使用时，由于 SiO_2 薄膜与 SiC 的线膨胀系数不等，当硅碳棒冷却时，这层玻璃态薄膜即行破裂而暴露出新的 SiC 表面。当继续加热时，这些新露出的 SiC 表面又继续氧化。这样，经过多次加热、冷却之后，硅碳棒的电阻越来越大，以致最终不能使用。

在正常气氛下，炉温为 1400℃ 时，硅碳棒连续使用寿命可达 2000h 以上；间断使用时为 1000h 左右。炉温为 1000℃ 以下时，则使用寿命达 5000h 之久。

除棒形外，还可做成管形、螺旋形等。

8.1.7　二硅化钼

二硅化钼是用金属粉末钼与硅粉通过直接合成的方法制备的，其反应为

$$Mo + 2Si === MoSi_2$$

$MoSi_2$ 电热体（硅钼棒）是用粉末冶金法经挤压、烧结而成，硅钼棒有冷端和热端，通过大电流焊接起来。冷端较粗，供导电用；热端较细，电阻较大，供发热用，其结构如图 8-2 所示。

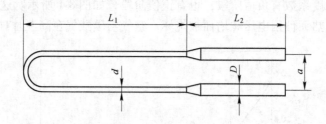

图 8-2　二硅化钼电热元件

$MoSi_2$ 熔点为 2030℃，是一种能耐 1700℃、具有抗氧化能力的高温材料。硅钼棒的电阻率随温度的升高几乎以直线关系迅速上升，即加热功率有一定的自然控制，所以在一恒定电压下，其功率在低温时是高的，而随着温度的上升则功率减少。这样，既可迅速达到所需要的炉温，又能避免硅钼棒过热。

硅钼棒在室温时既冷又脆，冲击强度低，抗弯和抗拉强度较好。元件在

1350℃时变软并有延展性，伸长率5%，冷却后又恢复脆性。所以设计制造硅钼棒炉时，必须注意电热体与炉膛底砖、炉壁间各留出25～30mm的距离。

二硅化钼电热元件耐热冲击性能良好。在空气中将电热体直接通电加热，仅需45s温度即达1600℃，然后断电135s冷却，如此反复18000次后，电热体尚无损坏。

硅钼棒使用时应注意以下几点：

（1）硅钼棒适用于氧化气氛中使用，其温度上限为1650℃，元件务必不要超过1700℃（高温硅钼棒不超过1800℃）及消耗相当于该温度下的单位表面功率。在炉温为1500℃时，元件最大表面功率为15W/cm²。

（2）硅钼棒连续使用时炉温最高可达1650℃。其表面功率比间断操作要高。其寿命比其他贵重金属材料做成的发热体长。间断性操作元件表面功率应小于连续性操作值。

（3）硅钼棒不应在400～700℃范围内长期使用，因为在此温度范围内，硅钼棒将发生低温氧化而遭破坏。

（4）硅钼棒特别适宜于在空气和中性气体（如惰性气体）中使用。硅钼棒在各种气氛中最高适用温度见表8-1。还原性气氛（如H_2）会破坏保护层，尽管如此，只要温度不超过1350℃仍可使用，氯和硫的蒸汽对元件腐蚀厉害。

表8-1　硅钼棒在各种气氛下最高使用温度

炉内气氛	元件最高使用温度/℃	炉内气氛	元件最高使用温度/℃
惰性气体(He、Ne、Ar)	1650	一氧化碳(CO)	1500
氮气(N_2)	1500	湿氢(H_2),露点10℃	1400
二氧化碳(CO_2)	1700	干氢(H_2)	1350

8.1.8　石墨

石墨能耐高温、加工容易，价格比钨、钼、钽便宜。石墨有较高的电阻，因此电热体在断面积较大的情况下，采用低电压大电流的电源。石墨的电阻随温度变化不大。

石墨电热体的寿命取决于其氧化和挥发条件，使用温度一般在2200℃以下。如果电热体需要在2200℃以上工作时，最好用低真空或在炉中通入中性气体，造成一定压力以减少挥发。在2500℃以下时，石墨的机械强度随温度上升而不断提高，超过此温度则急剧降低。由于这种特性，可用石墨制成长的棒状电热体而不折断。石墨电热体还可制成管状、板状等。

石墨可作为炉温为2500～3000℃炉子的电热体，但在高温下易氧化，使用时要用保护性气体或抽真空。石墨电热体使用时要用低电压（10～30V）、高电流的调压器来调压。

8.1.9　碳

碳的熔点是 3500℃，沸点为 3927℃，最高使用温度可达 2500～3000℃。碳的电阻温度系数为负值，故温度升高电阻减小，电流加大。碳在高温下易氧化，使用时要用保护性气体或抽成真空。碳大都制成炭粒作为电热体，其粒度为 1～10mm；亦可制成板状、棒状或管状。炭粒成本低。

还有其他电热体，可参考有关资料。

8.2　电阻炉的设计计算

8.2.1　设计计算内容

电阻炉的设计计算包括如下内容：

（1）炉体。它包括电阻炉型式、容量和数量的选择；炉膛尺寸的确定；炉体结构（炉衬、炉顶、炉门、炉壳及金属构架等）的设计计算；电阻炉功率的确定。

（2）电热体。包括电热体材料及截面形状的选择；布置方式和单位表面允许功率的确定。

（3）电阻炉供电电路、功率分布及调节方式的确定等。

（4）电阻炉机械设备、热工测量及自动调节装置的选用。

（5）技术经济指标的确定等。

值得注意的是，电炉的有效容积不包括电热体所占据的空间；确定电路的长、宽、高等各项尺寸时，除考虑产品尺寸外，还应考虑电热体装在炉膛两旁不能太高，否则会造成高度方向上温度不均匀。

8.2.2　电阻炉功率的确定

电阻炉功率一般可通过热平衡法、面积负荷法和容积负荷法确定。以下以热平衡确定电阻炉功率为例作一简单介绍。

电阻炉的热平衡是指炉子在操作时各项热收入等于各项热支出。通过热平衡计算，能够比较精确地计算出电阻炉的功率，并能较全面地反映电阻炉结构及操作特点等。

热平衡的各个项目，可以用每一个工作周期的热平衡来计算，如周期操作的电路多用此法；也可以用单位时间内的热平衡计算，如连续操作的电阻炉即如此。

做热平衡计算，首先要确定工作系统，其次要确定界面状态参数，即界面处物料、制品、空气、耐火材料等的性质与状态。在进行计算时，必须决定下列条件：

（1）电阻炉的生产能力。

（2）生产要求，如操作方式（间歇或连续）、炉内气氛的性质与被烧结制品的性质等。

（3）电阻炉的烧成曲线、升温时间与速度，最高烧结温度及保温时间等。

（4）电阻炉的类型、结构及其主要尺寸。

（5）制品的化学性质、吸热与放热反应等。

8.2.2.1　周期操作电阻炉的热工计算及功率的确定

周期操作的电阻炉，整个操作过程是由装炉、升温、保温、冷却及出炉等阶段组成。显然，电阻炉在不同加热阶段所需热量也不相同，其功率也呈周期性变化。在升温阶段，需要对制品及炉子的耐火材料、保温材料及金属构件等进行加热。同时，炉壁等还有散热损失。在保温阶段，炉子所需的热量只需补充热损失即可。在冷却阶段，当需要控制冷却速度时，炉子所需热量较小；而自由冷却时，所需热量为零。所以，周期性操作的电阻炉在升温阶段所需的热量最多，所需功率也最大。

就传热稳定性而言，这类电炉炉衬的加热或冷却都是不稳定传热。为节约电能，其炉衬应尽可能轻型化，使其蓄热较低；这与间歇式窑的节能内衬基本相同。

电阻炉热量的主要来源为电能。炉子所需的热量分为两部分：一部分是加热制品（或物料）所需的热量——称有效热量；另一部分是补偿损失的热量——称热损失。

根据电阻炉各项热量收入与支出，列出热平衡方程式：

$$\Sigma Q_{收入} = \Sigma Q_{支出}$$

通过上式即可求出电热体应放出的热量 $Q_{电}$，则电阻炉所需功率 $N_{计}$（kW）可由式（8-1）计算

$$N_{计} = \frac{Q_{电}}{3.6\,\tau} \cdot 10^{-6} \tag{8-1}$$

式中　τ——加热阶段所需要的时间，h；

　　$Q_{电}$——电热体应放出的热量，J。

但计算功率并不是炉子所需的实际功率。因此计算中选用数据和实际情况不完全一致，同时应考虑供电电压的波动对功率的影响、电热体长期使用后的老化现象使电阻增大以及缩短升温、冷却时间等因素。故设计时应有一定的安全系数与贮备功率。实际功率为

$$N_{实} = K N_{计} \tag{8-2}$$

周期操作电炉或小电炉的 K 一般取 1.2 ~ 1.5；连续操作的电炉，K 取 1.15 ~ 1.25。

8.2.2.2 连续操作电阻炉的热工计算及功率的确定

连续操作电阻炉工作时各处温度基本稳定不变，可按稳定传热计算，故其热平衡计算与功率的确定较周期操作的电阻炉简单得多。其具体计算步骤与方法亦与周期操作电阻炉基本相同，不同之处仅在于：

（1）计算制品加热所需热量时，不是按制品的批料量，而是根据小时产量。

（2）功率以稳定状态确定，可不考虑启动升温阶段，因其影响较小。

（3）热损失按稳定传热计算，且以小时为单位。

在耐火材料工业中，连续性电阻炉不多，在实验室中多使用周期操作的电阻炉。

电阻炉设计的其他内容，可参考有关资料。

8.3 电阻炉的安装与使用

8.3.1 一般要求

各种类型的电阻炉，除一些大型电阻炉由于体积庞大、重量大、运输比较困难，必须到使用场地砌砖总装外，其他电阻炉一般在制造厂已全部安装完成。各零部件都进行过校正，所以在安装时不要随便拆卸任何零部件，对个别未装的零件，按制造厂供给的图纸或说明书进行装配。对一些大型电阻炉需要修建基础，其他电阻炉安装时均不需要基础，只要校正好炉子的水平位置即可使用。

安装电阻炉应使测量仪表处于水平位置，而且必须稳固而不受任何振动。因为一旦控制盘稍受振动，装在控制盘上的测量仪表即发生摇摆。如果使用电子自动控制仪，那么在接近定温点时便会由于控制标旗受振动而摇摆不定，造成中间继电器不停地跳动，不仅影响温度测量的准确性，而且使测量仪表的寿命大为降低。

自行安装的电阻炉，应按规定进行烘炉。

各种电阻炉的使用方法均大致相同。用铁铬铝、镍铬电阻合金元件、硅碳棒与二硅化钼等作发热体的电阻炉，不需通入保护气体，而用钼丝、钨丝电热元件作发热体时，一般要用氢气保护。

不需要通入保护气体的电阻炉，在使用前要检查温度控制设备、测量仪表及电阻炉的接线是否正确等，对需要通入保护气体的电阻炉，如需通入氢气保护的钼丝炉等，在使用前应先安装好氢气管道。在加热操作前，要用氢气将炉内的空气赶走，且必须将空气全部排净后才能通电加热，否则氢气与空气混合后，在一定温度下会发生爆炸，造成严重事故，对此必须引起高度重视。正常操作时，炉内排出的氢气应在排气口（立式炉从底部流出）点燃烧尽，并防止熄火。

电热体在炉膛内的安装形式是根据电热体的性质及炉温分布情况确定的。电热体通常是布置在炉子四周，有时为了使炉温分布均匀和加大炉子功率，在炉底及炉顶也安装电热体，在确定电热体安装方法时，应尽量考虑电热体发热效率高、安装方便、价格便宜等。

8.3.2 电阻发热元件的安装

电热体在炉膛内的安装形式通常有下列几种：

（1）丝状电热体。丝状电热体多做成螺旋形，应将其平放在炉膛的砖槽或搁丝砖上，也可套在陶瓷管上，避免垂直使用，因为电热体在高温下由于自重会引起下垂现象或造成螺旋疏密不均和损坏。

直径 $d = 8 \sim 10\text{mm}$ 的电阻丝最好做成波纹形，直接挂在炉墙上，这种电阻丝的遮蔽很小。

较大型炉子，如箱式电阻炉，通常用矩形搁丝砖，圆形电阻炉用扇形搁丝砖。如果炉子较小，即可在耐火砖上抠槽，将电热体置于槽内。此外，对于小型管状电阻炉或马弗炉，可将电热体放在螺旋耐火管或马弗胆上（马弗胆壁上有放电阻丝的圆形管路）。

电阻丝螺管的安装方法如图 8-3 所示。

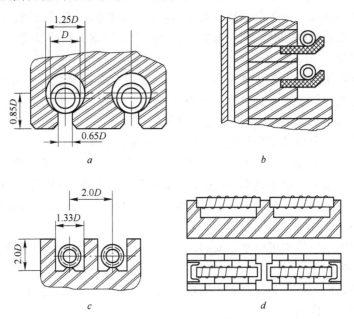

图 8-3　电热合金丝的安装方法

a—电阻丝螺管布置在炉顶砖槽内；b—电阻丝螺管放在炉墙搁丝砖上；
c—电阻丝放在炉底沟槽内；d—电阻丝绕在陶瓷管上安放在炉底上

　　螺旋线圈间的距离（螺管的节距）l 通常是电阻丝直径 d 的 2 ~ 4 倍。节距 l 越大，对热辐射的遮蔽越小；但 l 过大，将导致电阻丝难以布置。螺旋线圈的节径 D 愈大，单位炉墙面积所能布置的电阻丝长度（或功率）也越长（或越大）；但 D 过大则使螺管容易变形，D 过小则加工制作困难。

　　螺管套在陶瓷管上的电热体，其散热和螺线自由辐射相差不大，它比放在砖槽或搁丝砖上的散热情况好些。此外，螺管套在陶瓷管上不易变形，所以镍铬丝的 D/d 值可扩大到 10，铁铬铝丝的 D/d 值也可达到 8。螺管的内径与陶瓷管外径的比值为 1.1 ~ 1.2，两根螺管的中心距 S 一般为（1.5 ~ 4）D。

　　如前所述，电热体多半安装在炉壁内表面。然而，如果炉膛较宽、较矮，电热体可安装在炉顶上，此时应力求炉底也能安装电热体，因为冷空气进入炉内大部分沿炉底移动，不利于制品均匀加热。

　　（2）硅碳棒（管）电热体。硅碳棒的安装方法视炉内温度分布情况而定，一般为水平和垂直安装两种。硅碳棒的发热部分尺寸必须与有效加热尺寸相符合。为保证其端部正常导电，冷端部分应伸出炉墙外 50mm 左右；炉墙耐热绝缘管的内径应为棒冷端部分直径的 1.5 倍左右。硅碳棒安装的位置必须正确，炉墙上预留的孔洞应在同一直线上，并尽量使其垂直或水平。在硅碳棒的两端安装部位缠绕几圈石棉绳。为使硅碳棒在加热与冷却时能自由膨胀或收缩，石棉绳不能缠绕太紧，在石棉绳和孔洞间一般要留稍许间隙。硅碳棒质地很脆，在安装使用时应小心保护。

　　硅碳棒两端夹头上的夹子应夹紧，以保证通电时接触良好；否则会引起电弧，降低电热体的使用寿命。夹头用铁皮喷铝、铝片或用不锈钢（1Cr18Ni9Ti）做成，由于铜会发生氧化，故不用铜夹头。

　　硅碳棒与引出导线不能与外壳接触，以免发生触电事故。

　　（3）二硅化钼电热体。U 形二硅化钼电热体从炉顶悬吊安装最为理想，如图 8-4 所示，图中所示的最小距离必须严格控制，以避免元件过热，并不至于与炉壁相碰，连接冷端（包括轧头）至少应露出炉顶外面 75mm，元件在炉内间隔宽度不应小于元件的中心间距 D。

　　二硅化钼电热体也可以水平安装，它适合于连续操作的最高温度为 1550℃、炉膛高度小的炉子。

　　为避免元件损坏或与支座发生黏结，应采用刚玉、氧化铝空心球砖或氧化铝空心球混凝土等作支座。

8.3.3　电阻炉的使用

　　电阻炉在使用过程中一定要注意保护电阻发热元件。电阻发热元件在使用过

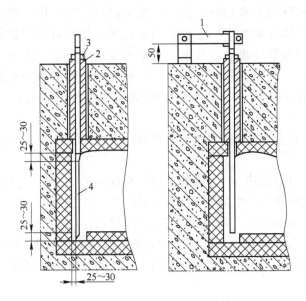

图 8-4 二硅化钼电热体的安装

1—编织铝带；2—塞砖；3—石棉扎头；4—二硅化钼电热体

程中损坏的原因主要有三个方面：

（1）机械外力损伤。在制造或修理电炉时，有时要自行缠绕电阻丝，在进行加工时不要损伤其表面，如划伤或钳口夹伤等。缠绕后的螺旋体上所黏附的脏物均应清理干净。制品装入电炉时应避免与电热体碰撞。尤其是铁铬铝合金在多次使用后，因晶粒长大而变脆，且温度越高，时间越长，冷却后脆化越严重。故经高温用过的铁铬铝元件在冷却时不要拉伸、折弯或撞击。硅碳棒与硅钼棒质地很脆，在安装使用过程中不要碰断。

（2）超过最高使用温度。电热体最高使用温度是指其在干燥空气中本身的表面温度，并非指炉膛的温度。由于电阻炉的构造不同，其元件与炉膛的温差也不同，一般要求炉膛最高使用温度应比电热体最高使用温度低 100℃ 左右。电热体使用温度越高，高温强度也越低，特别是铁铬铝元件易变形倒塌，造成短路，缩短使用寿命。即使是高温结构强度较好的镍铬元件，由于过热也会发生熔接。因此，只有保证电热体在使用条件下不熔化、不变形、不倒塌，且使用寿命较长时，才能适当提高其使用温度。

电热体在最高使用温度下的使用寿命，与炉膛构造、电热体形状、截面大小、表面负荷与散热情况等因素密切相关。

（3）炉内有害物质及气体介质的腐蚀。电热合金表面一般都生成氧化膜薄层，它能增强电热体抗腐蚀性能，如果制品加热时不产生对电热体不利的气体，可不必进行预先氧化处理；如果散发出有害的气体，最好进行预先氧化处理，使电热体表面生成一层较纯的氧化膜，使其有一定的保护作用。铁铬铝电热合金的纯氧化膜呈浅灰色，主要成分是氧化铝。镍铬电热合金的纯氧化膜呈墨绿色，主要成分是氧化铬。这种纯氧化膜是致密难熔的，它紧密地附着在电热体的基体上，具有一定的抗腐蚀能力，因而有一定的保护作用。

电热体如在真空中使用，虽无有害气体，但纯氧化膜保护层可以阻止电热体在真空中挥发。

当氧化膜与电阻发热元件基体的线膨胀系数不完全一致，急剧的升温与冷却都会导致氧化膜致密层产生裂纹，使氧化膜脱落，失去保护作用。

进行预先氧化处理的方法是：将安装完毕的电阻发热体在已烘干过的电阻炉内通电加热，使电热体表面温度低于其最高使用温度 100 ~ 200℃，保温 7 ~ 10h，然后随炉缓慢冷却即可。如 0Cr25Al5 电热合金元件可在 1050℃进行预先氧化处理。

炉内气氛对电阻发热元件是否有腐蚀作用，是关系到其使用寿命的一个重要因素。

一般情况下，电热体在电阻炉内难免不与耐火材料接触，因此，在为某种电热元件选用耐火材料时，既要考虑其高温性能，又要考虑其化学成分，要保证在使用温度范围内二者不发生化学反应，尤其是在高温条件下。

铁铬铝电热元件低温使用时，可采用黏土质搁丝砖；炉膛温度为 1150℃左右时，应采用高铝质搁丝砖，如使用温度更高，应选择较纯的氧化铝制品。镍铬电热体一般不受上述材料的限制，采用黏土质搁丝砖即可。

电热体在高温时与筑炉使用的材料和绝缘物（如石棉、矿渣棉、水玻璃等）直接接触都是不利的。如在高温时，电热体与氧化镁直接接触，对氧化膜很不利，有时会发生烧结；电热体与水玻璃调制的耐火泥直接接触，在高温时会生成低熔点共熔物而被损坏。

空气及碳酸气在高温时对硅碳棒起氧化作用，主要表现在其电阻增加，即老化。此时必须逐步提高电压，方能得到额定功率。当调至最高电压仍不能达到额定功率时，可改变硅碳棒的连接方式，在低电压下使用；经过一段时间仍不能达到额定功率时，则说明硅碳棒已完全老化，应予更换。

若硅碳棒使用后尚未全部老化而折断，则需全部更换新棒，切勿将电阻相差悬殊很大的硅碳棒同时使用。其电阻值的偏差通常不超过 20%，但可将更换后未损坏的棒保存好，以便与电阻相近的硅碳棒再配套使用。

安装或检修时要注意紧固硅碳棒与热电偶的引出线，并应定期检查接触点或螺栓夹紧装置，以免接触不良。

8.4 电阻炉的调节

8.4.1 供电电路

电阻炉通常用工业频率（50Hz）的交流电，电压为 220V 或 380V，电阻炉的电压不宜过高，因为耐火材料在高温下的导电性急剧增加，会使漏电的可能性增加。

图 8-5 所示为整个电阻炉或其中某一组电热体的一般供电电路，在动力电部分（左边）电流通过总开关 DK、熔断器 RD 和接触器 C 而进入炉子。

在炉子控制电路中（右边）表示炉子工作的两种控制方法：用温度调节器的人工远距离控制和自动控制。万能开关 HK 的接点 1 和 2 组成电路时，电流通过接触器 C 的线圈，接触器的动合触点 C 闭合，炉子被加热；而接点 1 和 2 组成开路时，电源被切断，炉子就降温，这就是炉子的

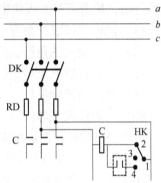

图 8-5　电阻炉供电电路

人工控制。在自动控制时，控制万能开关 HK 的接点 1 和 2 组成开路，而接点 1 与 4 组成闭路，这时炉子电源的接通或切断靠温度调节器 PT 的继电器来进行。当炉内温度低于预定值时，继电器成为闭路而炉子被加热；当温度高于预定值时，情况正好相反，炉子停止加热。这样就能使温度自动保持恒定不变。

8.4.2 功率调节

炉子的功率调节包括两个方面：一是炉子的总耗电功率的调节，二是炉子在使用过程中不断调整电阻元件的耗电功率，以便按工艺要求控制炉温的均匀变化。

（1）利用变压器调节。采用硅碳棒、二硅化钼棒、钼、钨等电热体的电阻炉，由于升温过程中电热体的电阻值变化很大，或在长期使用后电阻会改变，所以在炉子与电网之间还要配备一台变压器，以降低或调节电炉的输入电压，从而达到调节电热体的发热量，即调节炉温的目的。

在升温阶段通常需要逐步升高电压。当温度接近最高焙烧温度时，往往要适当调低供电电压，以降低升温速度，防止炉温超过规定值。

用增加变压器及自耦变压器电压技术的办法能够获得平滑性调节，自耦变压器能逐步调节输出电压，故得以广泛应用。使用时根据电源情况分别选用单相或三相自耦变压器。

（2）通过改变电阻发热元件的连接方法调节。当电阻炉使用较久，电热体（尤其是硅碳棒）逐渐老化，电阻值增大，功率降低，炉温难于上升时，在有几个电热体的炉子里，就可以用电热体连接线路的方法调节功率，通常是利用转换开关来实现的。设炉中有两个电阻相同的电热体，将其由并联改为串联时，炉子的功率变为原来的1/4，若炉子有三个电热体，原为三角形连接，现改为星形连接，炉子的功率将为原来的1/3；同理，如有6个电阻相同的电热体，连接成独立的两组，炉子可有5级功率：

（1）两组都接成三角形（△，△），相当于100%功率。

（2）一组接成三角形，另一组接成星形（△，Y），相当于67%功率。

（3）一组接成三角形，另一组切断不通电（△），相当于50%功率。

（4）两组都接成星形（Y，Y），相当于33%功率。

（5）一组接成星形，另一组切断不通电（Y），相当于17%功率。

必须指出的是，在炉内安装有几组独立的电热体时，一定要使每组电热体在炉内布置均匀，以免在切断一组或改变另一组连接方法时造成炉子加热不均匀。这种连接方法要经过计算，以免电热体因功率过大而损坏。

电阻发热元件几种常见的接线方法见表8-2。

表8-2　电阻发热元件接线方法

接线名称	代号	示意图	元件数目	总电阻/Ω	总功率/kW
串 联	+		n	$R = nr$	$N = \dfrac{U^2}{10^3 nr}$
并 联	∥		n	$R = r/n$	$N = \dfrac{nU^2}{10^3 r}$
串—并（先并起来然后再串）	+—∥		mn	$R = mr/n$	$N = \dfrac{nU^2}{10^3 mr}$
并—串（先串起来然后再并）	∥—+		mn	$R = nr/m$	$N = \dfrac{mU^2}{10^3 nr}$
星 形	Y		3	$R = r$	$N = \dfrac{U^2}{10^3 r}$
三角形	△		3	$R = r/3$	$N = \dfrac{3U^2}{10^3 r}$

接线名称	代号	示意图	元件数目	总电阻/Ω	总功率/kW
双星	YY		6	$R = r/2$	$N = \dfrac{2U^2}{10^3 r}$
双角	△△		6	$R = r/6$	$N = \dfrac{6U^2}{10^3 r}$
串星（先串起来再连成星）	+—Y		3n	$R = nr$	$N = \dfrac{U^2}{10^3 nr}$
串角（先串起来再连成角）	+－△		3n	$R = nr/3$	$N = \dfrac{3U^2}{10^3 nr}$
并星（先并起来再连成星）	‖—Y		3n	$R = r/n$	$N = \dfrac{nU^2}{10^3 r}$
并角（先并起来再连成角）	‖—Y		3n	$R = r/(3n)$	$N = \dfrac{3nU^2}{10^3 r}$

8.4.3 电阻炉内温度的控制调节

电阻炉内温度的控制方法是利用热电偶和控制电路等进行。如再加上可控硅温度控制装置就可以更为平稳地进行调节与控制。现代化的电阻炉都是利用微机进行程序控制。它可按所需的烧成曲线精确调控。

在电热窑中，虽然电阻炉广为应用，但由于其温度受电热体材质所限，不可能很高。故要得到特高温或极高温，就必须利用非电阻的高温炉。

8.5 电磁感应炉

电磁感应炉分为感应熔炼炉和感应加热炉两种类型，其应用都非常广泛。例如，在陶瓷工业中可用电磁感应炉来制备氮化硅一类的特种陶瓷等。此外，制备单晶的单晶炉也常用电磁感应炉加热或电阻加热等加热方法来制备单晶，当然单晶炉也可以采用其他一些电加热措施。

电磁感应炉的优点是：加热速度快，功率控制方便，加热温度高，制品质量好，易于实现机械化、自动化，劳动条件好等。其缺点是电磁感应炉加热的方法也有一定的局限性。

8.5.1   电磁感应的加热原理

当电流通过导体时，在导体周围就产生磁场。如果把一块导体放入交变磁场中，则在导体内就会产生一个电动势，在电动势的作用下导体内便会有交流电流动，这个交流电流被称为感应电流。该导体内感应电流的频率变化，与原来从电源通入导体内的电流频率变化是一样的，这样电流就通过导体，使导体受到电加热。在这种交变磁场中加热导体的方法被称为感应加热法，而原来通入交流电的导体被称为施感导体，如图8-6所示。

当电流的频率为工频（我国为50Hz）时，整个施感导体和导体截面上的电流分布是均匀的，若将电流的频率增加时，则导体内电流的分布就不再是均匀的，而是集中在导体的表层上。这种高频电流集中在导体表层上的倾向被称为"集肤效应"，如图8-7所示，"集肤效应"是感应加热的第一特征。

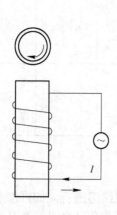

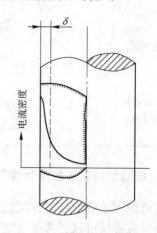

图 8-6   感应加热的原理图   图 8-7   高频电流集肤效应的示意图

产生"集肤效应"的原因是当导体通以交流电后，则导体就处于该电流所造成的交变磁场内，这种磁场在导体内会感应出电动势。它与电源电动势的方向相反，从而阻碍了电流沿导体通过，所以人们也常常把"感应电动势"称作"反电动势"。因为导体的中心集中了全部的磁通，所以此处感应出的"反电动势"最大，这样导体的中心就有最大的感抗。因此，电流就力图沿着电阻最小的路径通过，即主要沿导体的表面通过。

电流的频率越高，导体中心的感抗就越大，电流分布的不均匀程度表现得就越厉害，也就是说"集肤效应"越显著。通常规定内部电流密度降至外表面电流密度 1/2.7 处以外为"表面层",被加热导体内的感应电流通过的那一薄层的厚度被称为电流的"渗入深度",用 δ 来表示。经过计算,在表层内产生的热量为全部电流发出热量的 86.5%。电流的"渗入深度"与导体材料本身的电阻率与电流的频率有关。高电阻的导体材料,电流的"渗入深度"比较大,而且加热的速度也比较快。提高电流频率,则电流渗入深度会减小。

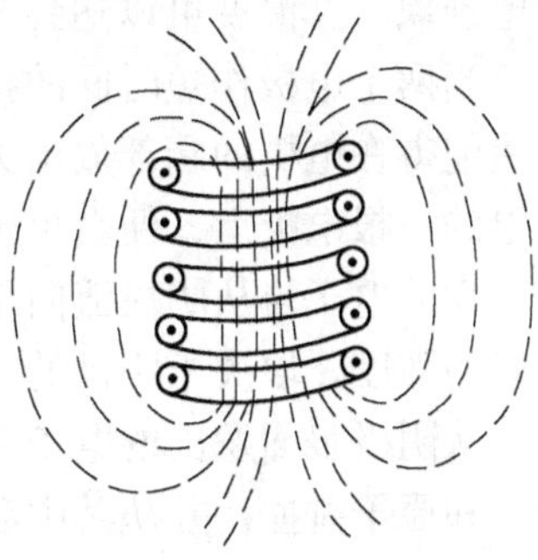

如果把导体绕成线圈,则磁力线分布如图 8-8所示。当导体里有电流通过时,导体将被磁力线所围绕,因为线圈周围的磁力线集中于内侧,而且内侧的磁场强度比外侧要大,所以内侧的电流强度就比外侧的电流强度要大,这样就形成了感应加热的第二个特征——电流主要沿匝圈的内部通过。

施感导体距离被加热材料越近,则加热速度越快;反之,则加热速度越慢。通常把被加热材料与

图 8-8 线圈上的磁力线分布

感应圈之间的距离称为"耦合"。当加热非金属材料时,一般可用 Mo、W、镍铬合金、石墨、SiC、ZrO_2 等做成的坩埚作为发热体,在坩埚中放入所需要加热的材料,这种方法称为"间接加热"。

8.5.2 感应炉的电源设备

感应炉的电源设备按电源的频率来分,通常有工频、中频和高频三种。"工频"是工业频率的简称。在我国为 50Hz 的电源。中频是指工频以上直到约 10000Hz 的频率,其上限决定于相关工业所用中频设备所能达到的最高频率。"中频"电源设备过去要用到中频发电机组,现在人们是用可控硅变频的中频电源设备。它具有效率高、运行可靠、维护简单、体积小、自重轻以及制造方便等优点。"高频"电源一般指频率在 20000Hz 以上的电源,其上限是根据实际需要的频率(目前约为 1MHz)。而设备的输出功率从几个千瓦到最大(约 800kW)。

感应加热是通过感应圈(或感应器)进行的,感应圈所用的材料有各种直径的铜管,各种厚度的铜板或铜块以及普通的螺旋线形感应圈(全部由退火的铜管绕成)。为了防止感应圈过热,必须对感应圈进行水冷却。

8.6 电弧炉和弧像炉

8.6.1 电弧炉

电弧炉是利用电弧产生的热量来熔炼金属材料或非金属材料的一种电炉。在无机非金属材料领域,电弧炉可以用来人工合成云母、电熔镁砂或刚玉、生产氧

化铝空心球保温材料以及生产硅酸铝耐火纤维等。

8.6.1.1 电弧加热原理

假如有两根靠得很近，但是中间有一定间隔的电极，当通电时，就会发出耀眼的白亮火光。这种火光被称为"电弧"。电弧是电流通过气体时所产生的一种放电现象。其温度可以达到5000℃以上。

当两个电极作短时间的接触时，由于短路的结果，便产生了强大的电流，此电流使得在电极的端部放出大量的热量。如果再将电极移开，在接触的瞬间则带负电的一根电极上，便会出现白热的斑点，被称为"阴极斑点"。这个阴极斑点是巨大的电子流从阴极流向阳极的电子发射源，它发出大量的自由电子。热电子发射的强度，取决于阴极的表面温度、阴极材料及表面状态等。

从阴极表面发出的电子在电场的作用下射向阳极，沿途还会与气体中的中性分子和原子碰撞，并从其中激发出更多的电子来。在电场的作用下新产生的自由电子会得到加速，从而不断地激发其他原子，使气体发生电离。这种现象称作"二次发射"。电弧炉中强大的电弧就是电流通过气体介质（特别是通过空气）所造成的。也就是说，电弧的气体介质具有很高的导电性是由于两个电极之间的气体离子化（即"等离子体"）所致。要使电弧炉有强大的电弧，使带电的介质在电场中移动，就必须要有足够的电压。

电弧可以用直流电产生，也可以用交流电产生。直流电弧比交流电弧要稳定。因为用交流电时，在真空中或者在两个电极之间的气体密度很小的情况下，当两个电极之间的交流电压等于零的瞬间，电弧比较容易熄火。所以，真空电弧炉中一般需要采用交流电源。工业上的电弧炉可分为间接加热、直接加热和电弧电阻加热三种类型，如图8-9所示。此外，以下所述的"等离子体炉"中的放电等离子体烧结技术（即SPS技术）实际也是一种特殊电弧炉。

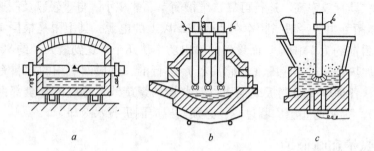

图8-9 电弧炉原理图

a—间接加热法；*b*—直接加热法；*c*—电弧电阻加热法

8.6.1.2 电弧炉的电极

对电弧炉电极的要求如下：第一，要能耐高温，且在空气中开始强烈氧化的温度要高；第二，要有较高的电导率和机械强度；第三，要有较低的灰分和含硫量；第四，成本要低。

电弧炉所需要的电极有石墨电极和其他炭素电极等几种类型，其中，以石墨电极应用得较多。对于直接加热的电弧炉，电极是安放在等边三角形的顶点上。通过三电极中心的圆直径被称为"电极圆直径"。电弧炉熔化室的直径 D 与电极圆直径 d 之比一般为 $2.5 \sim 4.0$，大的电弧炉则要选用较大的数值。

8.6.1.3 电弧炉用变压器

电弧炉所用的变压器是一种降压变压器，具有较大的过载容量。其次级输出是低电压、大电流。在变压器的高压一侧还配有电压调节装置，供调节电弧炉的输入电压所用。电弧炉所使用的变压器应具有下列特点：

（1）能承受很大的过载能力。

（2）要具有较高的机械强度，这是因为电弧炉内发生短路时的电流冲击很大，从而会产生很大的机械应力。此外还要求在工作时不会发生各部件的松动，以防其被损坏。

（3）变压器比要大，能把送到车间的高电压变为低电压、大电流输入到电弧炉内，其电流能达到几万安培甚至几十万安培。

8.6.2 弧像炉

当我们研究化学性质比较活泼材料的高温性能时，有时会因为没有适合的惰性容器而不能进行；另外，一些难熔物质单晶生长过程中必须防止高温下玷污和化学计量比的改变；许多高科技材料则要求极高的纯度。但是当加热一种材料时，一般情况下是需要与不同组成的材料（例如像炉膛或坩埚等材料）相接触，这样玷污就难以避免。在这种情况下，就需要像弧像炉这样的无玷污加热设备。

弧像炉的热源为电弧，将电弧的辐射能通过适当的光学聚集到被加热的材料上，这就形成一个辐射圆锥，从而使加热源在圆锥的尖端成像，该成像处的温度最高。这样在任何时间，只需要使被加热的材料上一小部分处于熔融状态，于是被加热的材料本身就形成了一个坩埚，因此也就不需要再用专门的坩埚了。

8.6.2.1 弧像炉的构造

弧像炉的光学系统，如图 8-10 所示，其中图 8-10a 为聚光透镜系统，其优点是，通过互换光源和像的位置，可以提供低辐射的大像或高辐射的小像，而且在像中没有阴影。在单一椭球镜系统的图 8-10b 中，在椭球的一个焦点上有一光源，这样就会在另一焦点上形成一像。要获得低辐射大面积或高辐射小面积的话，只需要看光源放在哪一个焦点上即可。在双椭球镜系统的图 8-10c 中，假如这两个镜子都具有同样的偏心率，而且是几何完整的，则最终的成像将与光源具有同样的大小。当然，其成像的具体大小还可以用两个不同偏心率的镜子来改变。在双抛面镜系统的图 8-10d 中，成像的大小与光源的大小基本上相同。

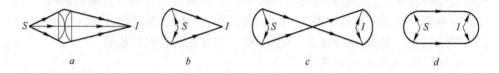

图 8-10　使电弧源成像的光学系统

a—聚光源；b—单椭球镜；c—双椭球镜；d—双抛物面镜

S—电弧源；I—最高温度成像处

如图 8-11 所示为一个用于单晶生长的弧像炉光学系统原理图。它包括一对椭球反射镜装置。在靠近第二焦点处放置了一个水冷控制的反射镜，从而使得光轴的转向与成像成垂直的位置。该控制镜的背面是镀银的，并且在背面用水进行冷却。

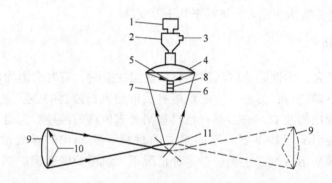

图 8-11　用于单晶生长的弧像炉光学系统原理图

1—振动器；2—漏斗；3—气体入口；4—第二反光镜；5—焦点；6—试样支托；

7—气体出口；8—炉膛；9—主反光镜；10—电弧位置；11—控制镜

图 8-12 为一个弧像炉的原理图，它采用的是双抛物面镜系统。它可以用两个探照灯，其价格比较便宜。其安装方法是将两台探照灯沿着公共的水平轴或垂直轴排列成一行，当试样为熔态试样或粉末时，应将试样本身保持水平方向。因此，必须将两台探照灯安装在公共的垂直轴上。

8.6.2.2　弧像炉的应用

很多熔点相当高的材料，例如像 Cr_2O_3（熔点为 1990℃）、Al_2O_3（熔点为 2050℃）、ZrO_2（熔点为 2680℃）和 MgO（熔点为 2800℃）等，将其粉末压成试块，都能在弧像炉中熔化。采用弧像炉，可以生长出像硅单晶、金红石单晶、蓝宝石晶体和其他类型的化合物晶体（例如像高温半导体材料、碳化物和氮化物）。

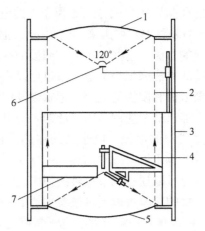

图 8-12　弧像炉原理图

1—上边的镜子；2—辐射途径；3—主要的架子；4—碳电极的夹持机构；
5—下面的镜子；6—试样支架；7—烟气抽出口

8.7　电子束炉

电子束炉是利用高速运动电子的能量作为热源进行加热的一种电热炉，又被称为电子轰击加热器。它可以被用来加热高温 X 光粉末照相机的中试样，用电子束加热悬浮区的熔化法可以用来制备高熔点的金属单晶（例如，像超纯钨单晶的纯度可达 99.9975%），电子束还可以用来加热硅单晶炉和电子束熔炉。另外，电子束还可以被应用在焊接、蒸发镀膜以及材料的热处理等方面。

电子束炉的原理就像是一个二极管，通过热电发射的方式获得初速度的电子，在高电压降的作用下使其向着被加热的物料（试样）加速，而且还用到电磁或静电透镜的方法使电子束朝着被加热的物料聚集，从而可以使得被加热区域达到 3500℃ 以上的高温。

用电子轰击加热，需要在发射器和待加热物之间产生受控制的电流。显然，这只有在真空中才能实现。实际上，这一过程只有在绝对压强低于 0.133Pa 的真空下才是可行的。

电子轰击加热器的原理很简单，其中一种类型如图 8-13a 所示，在该装置中，低电压的加热发射器一般是用钨丝构成，并且其上施加了负电位，待加热的试样在近旁支持着加热发射器。相对于加热发射器来说，试样是处于正电位（通常是接地的）。然后使电子向着待加热的试样上加速，从而将电子的动能转变为热能来加热试样。上述装置比较适用于加热面积较大的物料。图 8-13b 所示是上述装置的改进型，它是用一金属屏（聚束极）环绕在加热发射器灯丝的四周来控制加热面积，而且金属屏与灯丝保持同样的电位。这样，一束定向的电子流就可以穿过聚束极上的孔洞而冲向试样。更为先进的电子源设备如图 8-13c 所示。电子从图 8-13b 那样的装置中发射出来。向阳极（通常是接地的）加速，以取代电子直接向试样加速的方法。这些电子通过阳极的孔洞后而形成电子束，而且可以用电磁或静电透镜的方法来聚集。电子束也可以用电磁场或静电场来控制其偏转，另外，灯丝、聚束极和阳极的大小、形状以及位置都很重要。这种先进的电极布置，是电子轰击加热器中应用最为广泛的一种形式。例如：我们只需要简单地调节一个通过聚焦线圈的电流，电子束的加热面积就能改变至 100 倍以上。因此，使用同一装置，也可以有效地加热 1～100mm^2 的面积，甚至更大的面积。同样，电子束的方向也可以通过调节偏转线圈中的电流来改变，从而精确地选择被加热区域。而电子束的功率可以通过改变加速的电压或阴极发射的方法来控制。图 8-13c 所示的装置，具有控制方便、电子精确地轰击被加热试样的重要特点，其电子束可以达到 $5 \times 10^5 \mathrm{kW/cm}^2$ 这样高的功率密度。而且其电子束的断面不一定是圆的，也可以是其他的形状。

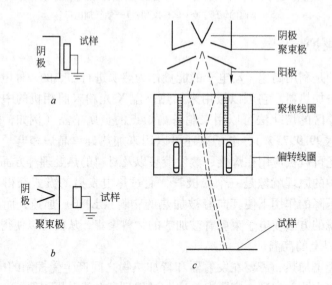

图 8-13　电子轰击加热器的原理图

8.8　等离子炉

等离子炉是利用等离子体能量而进行加热的一种电热炉。等离子体就是经过高电压放电而发生电离后的气体，有低温等离子体和高温等离子体之分。等离子体炉用的是高温等离子体。等离子炉的主要优点是由于其内的等离子体利用了一部分的电离能，故而很容易达到其他普通窑炉不易达到、甚至不能够达到的高温，一般可以达到10000℃以上的高温（关于等离子体的温度：利用电能所能获得的等离子体的温度，一般可以达到10000℃以上。而利用其他一些高能方法还可以获得温度更高的等离子体，其内的温度可以达到几十万摄氏度、几百万摄氏度、几千万摄氏度。目前，人们利用热核聚变方法所获得的等离子体，其核心处的最高温度要用几亿摄氏度来计）。另外，等离子体中的热能还能够较为容易地被气体所传递，其反应在高于大气压（正压）或低于大气压（负压）的系统内都能够进行，所以在工业生产中其条件很容易得到满足，而且比较安全，其设备的寿命也很长。因此，等离子炉不仅能够用于实验室中，而且也能够用于实际生产上。

8.8.1 产生等离子体装置的工作原理

产生等离子体的装置是利用气体或液体作为电离介质，它将一个放置于电弧室内的电极冷却，从而产生稳定电弧的一种装置。图 8-14 为利用直流或交流电源产生等离子体装置的工作原理图。其前部的电极作为电离介质的喷出口，而放电则是在后部电极与前部电极之间来进行。电离介质呈现漩涡状被通入电弧室内，电弧则会通过电离介质的中心部分。电源可以是直流，或是交流，但实际应用中都是采用直流电源。对于电离介质，气态、液态均可。

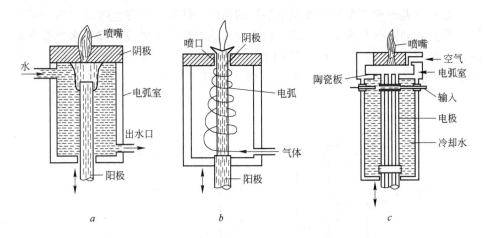

图 8-14 利用直流或交流电源产生等离子体装置的工作原理图
a—用水来冷却的直流喷枪；*b*—用空气来冷却的直流喷枪；*c*—三相交流电空气喷枪

这里以用水冷却的直流喷枪（即图 8-14*a* 中的情况）为例，说明产生等离子体装置的启动过程：先将阳极靠近阴极，当电流一接通，就会产生电弧，然后就将阳极迅速地后退以维护电弧。水是从阳极周围旋转地流进去，涡流状的水表面被电弧加热后变成高温蒸汽，从而导致电弧室内的压强升高，被高温热分解以及电离的氢离子和氧离子就会形成一股高温、高速的离子流从喷口喷出去，未被分解电离的水则起到冷却作用。

各种气体等离子的电弧温度下限及其能量可参考有关资料。

8.8.2 等离子体炉的应用

等离子体炉用途很广，可用于金属或氧化物的涂层，等离子体喷涂装置具有较高的工作温度，能够采用惰性气体，几乎在熔化和喷涂任何材料都不会引起玷污。等离子炉还可以用来进行一些材料物性的研究，例如用来测定氧化物、碳化物、超硬度耐热合金、石墨等材料的一些性能（像进行热冲击试验及其熔点、辐射能的测定等）。等离子电弧也有可以被用来进行焊接和切割等作业。在等离子体内的气体，由于是以离子状态存在，所以对游离基的研究也很有用。另外，需要特别指出的是，在现代材料研究领域，等离子体也被广泛用来进行各种材料的合成，即所谓材料的"放电等离子体烧结"技术，简称为 SPS（Spark Plasma Sinter）技术，它是利用瞬间、断续的放电能，在加压下烧结。与该技术相同或类似的技术还有等离子体活化烧结（Plasma Activated Sintering，简称 PAS）、等离子体辅助烧结（Plasma Assisted Sintering，简称 PAS），他们都属于脉冲电流烧结（Pulse Electric Current Sintering，简称 PECS）。

图 8-15 是一个典型的 SPS 基本装置的简图，该装置主要包括以下几个部分：（1）垂直的轴向压力转化室；（2）特殊设计的水冷冲头电极；（3）水冷真空室；（4）"真空/空气/氩气"气氛控制系统；（5）特殊设计的真空脉冲发生器；（6）水冷控制单元；（7）位置测量单元；（8）温度测量单元；（9）应力转移单元；

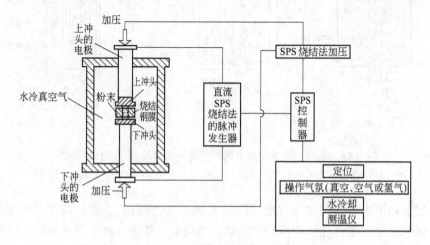

图 8-15 一个典型的 SPS 基本装置简图

（10）各种内部控制单元。

用SPS装置进行材料烧结的详细机理比较复杂，也有一些争论，简单来说，就是固体颗粒之间产生化合物层或固溶体层，并且互相之间结合在一起。当然其先决条件是颗粒之间必须先发生传质，否则颗粒之间不可能结合。颗粒之间的传质受到以下两种因素的作用：其一是颗粒的表面性质；其二是颗粒之间近距离的原子间作用力。采用传统烧制方法进行材料的烧结时，由于固体颗粒的表面具有惰性膜，且颗粒之间无主动作用力，因而其烧结时间较长。而SPS技术则克服了这些缺点，因此，该技术具有以下的烧结特点：第一，SPS技术的烧结温度低，烧结时间短，因而可以获得细小而均匀的显微结构组织，并且能够保持原始材料的自然形态；第二，用SPS技术进行材料的烧结，能够获得高致密度的材料；第三，通过控制烧结的组分和工艺，SPS技术能够烧结出类似于梯度材料以及大型工件等所用的复合材料。

8.9 微波烧结炉

微波是指频率在300MHz～300GHz（波长为1m～1mm）的电磁波。在20世纪30年代，微波就开始被应用于通讯领域和军事领域。后来，人们发现微波的热效应，于是将微波作为一种非通讯的能源广泛应用于工业、农业、医疗、科学研究乃至家庭，这当然是第二次世界大战以后的事情。将微波作为烧结材料的能源而发展起来的微波烧结技术则是近几十年来的事情。微波烧结与常规加热的烧结方法完全不同。常规的非电磁辐射加热是依靠发热体将热能通过对流、传导或辐射的方式传递给被加热的物体，使其达到某一温度，即温度梯度是从外向内；而微波加热则是一种"体加热"，即材料吸收微波能以后将其转化为材料内部分子的动能和势能。由于材料内、外同时均匀受热，所以在整个加热过程当中，材料内部的温度梯度很小或者说是基本上没有，因而材料内部的热应力可以减小到最小程度，这样即使在很高的升温速率下（500～600℃/min），也很少会造成材料的开裂。同时在微波电磁能的作用下，材料内部分子或离子的动能增加，使得烧结的活化能降低，扩散系数提高，这对于促进材料的低温快速烧结是十分有利的。例如，如果在1100℃的温度下，用微波烧结 Al_2O_3 陶瓷1h以后，该材料的相对密度可以达96%以上，而采用常规的烧结方法，该指标仅为60%。

采用微波烧结方法，由于是材料自身吸收热，提高了加热效率，所以可以较为容易地获得2000℃以上的高温，从而缩短了烧结时间，一般只需要几分钟到十几分钟就可以完成材料的烧结即所谓的"快速烧结"。快速烧结不仅节约能源，而且可以改善烧结体的显微结构，从而提高材料的一些性能。我们知道，陶瓷材料的韧性是该类材料的一个重要指标，提高陶瓷材料韧性的有效途径之一就是降低其晶粒尺寸，即形成所谓的"细晶粒"结构或"超细晶粒"结构。由于微波烧结方法的速度快、时间短、温度低，就使得细粉末来不及长大就已经被烧结了，所以微波烧结无疑是形成细晶或超细晶陶瓷的一项有效手段。

微波烧结的另一个特点是能够实现空间选择性烧结。对于多相混合材料，由于不同材料的介电损耗不同，所产生的耗散功率不同，其热效应也就各不相同，所以可以利用这一特点来进行复合材料的选择性烧结，从而研究和开发出新的材料产品，以获得更佳的材料性能。微波烧结炉的主要结构流程图见图8-16。

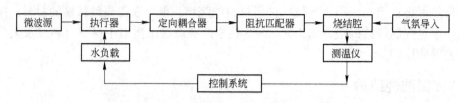

图 8-16　微波烧结炉的主要结构流程图

8.10　太阳炉

太阳炉尽管不属于电加热炉，但它却具备电热窑炉的功能，它是将太阳能反射和聚焦到一点，使该点产生逐步高温的加热装置。

太阳表面的温度约为6000℃，而且内部温度高达4×10^{7}℃。地球每年从太阳的辐射能中能够获得5.8×10^{16}kW·h的能量，这比地球上人们目前利用各种能源所产生的全部能量之和还要大2万倍。但这种能量分布在地球广大地区，且不同季节、不同地区、不同气候条件、白天与黑夜各不相同。所以，只有符合下列三个条件，利用太阳能才比较有效：第一，在无云天气时，在垂直于光线的地面上所获得的太阳辐射能平均不小于2.5J/（cm^{2}·min），而且每天的日照时间要超过6h；第二，每年晴天的天数要在200天以上；第三，每年的平均云量在60%以下。我国有许多地区的日光照射时间很长，太阳辐射能量很大，所以可以充分利用太阳辐射能。

当今，太阳能利用的问题已成为研究的热点。为此人们研究开发了各种不同用途的太阳能利用装置。在材料工业领域，人们对太阳能高温炉进行了研究。例如，可以用太阳能高温炉生产石英坩埚和石英管，研究和生产高温陶瓷材料，进行高温焊接，熔化各种金属和研制耐热合金等。据称，太阳能高温炉最高能够达到3500℃的高温。在无机非金属材料领域，太阳能高温炉可用于硅酸盐、硼化物、碳化物、氮化物等的高温物理化学性能的研究，制备高折射率的玻璃以及制备单晶等。太阳能高温炉不仅是一种可以加热到极高温度的理想热工设备，而且因为太阳能高温炉内没有电场、磁场和燃烧产物的干扰，这样在材料的加热和冷却过程中，甚至在极高的温度下都能够对样品进行清楚地观察。

图8-17为一个太阳能高温试验炉的原理图。如果在其焦点区域安置一个透明的罩子，该太阳能高温炉就可以在所需要的任何气氛和任何压强下工作了。一般的太阳能高温炉是让太阳光直接照射到其聚光镜上，而聚光镜是跟着可视太阳的运动而动。但是也有一些太阳能高温炉的主镜是不动的，而是让太阳光先照射到一个受控制的平面日光反射镜上，然后再反射到固定的主镜上去。必须指出，磨制抛物面的困难程度、镜面的造价以及镜面维修费用等都是随着镜面尺寸的增大而急剧增加。

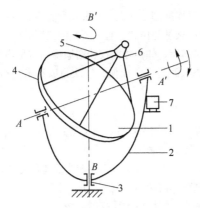

图 8-17　一个太阳能高温试验炉的原理图

1—反射镜；2—支持叉（在其上放有镜子固定环）；3—底部中央支承
（带有轴承和调速器，并且由一个控制电机带动做水平转动用）；
4—镜子的固定环（带两个轴承和调速器）；5—支持器；
6—受热器；7—控制和调速所用的自动装置

思 考 题

1. 简述竖窑的工作原理。

2. 竖窑的热工制度受哪些因素影响？

3. 哪些竖窑易结瘤，产生的原因是什么，应如何防止与处理？

4. 不同类型的竖窑对燃料的要求如何，应怎样合理选用燃料？

5. 高温竖窑与普通竖窑相比，在结构与技术上有何不同，你认为高温竖窑的哪些方面可以为普通竖窑所借鉴？

6. 并流蓄热式竖窑的主要特点是什么？

7. 简述竖窑与回转窑优缺点。

8. 回转窑悬浮预热器的基本工作原理是什么，有哪几种类型，各有何特点？

9. 应如何控制回转窑内火焰的长度与位置，它受哪些因素影响？

10. 回转窑内的物料运动特点如何，如何才能使物料煅烧的质量均匀？

11. 窑外分解技术对干法煅烧水泥的意义如何，你认为该技术是否可应用于白云石或菱镁矿的煅烧？

12. 简述隧道窑的工作原理。

13. 什么是窑墙的"经济厚度"，其决定性因素有哪些？

14. 何谓隧道窑的热工制度，应如何制定？

15. 简要分析隧道窑预热带产生上下温差的原因及减少温差的主要措施。

16. 简述码放砖垛应遵循的原则，何谓 m、k 值，如何计算？

17. 高温隧道窑的主要特点是什么，如何实现高温燃烧？

18. 简述其他类型隧道窑的种类、特点及用途。

19. 间歇窑与连续式窑相比，有哪些优缺点？

20. 梭式窑的主要特点是什么，其发展方向如何？

21. 哪些原料应予轻烧，其轻烧设备有哪些，各有什么特点？

22. 简述玻璃池窑的工作原理及主要结构特点。

23. 玻璃池窑内火焰空间及玻璃液内热交换的特点各是什么，影响热交换的因素有哪些？

24. 简述坩埚窑的工作原理及主要结构。

25. 简述电热炉与火焰窑炉的优缺点。

26. 电阻炉安装与使用应注意的主要问题是什么？

27. 电阻炉应如何调节？

28. 简述其他各种电热炉的工作原理。

29. 为什么大多数火焰炉都是逆流工作？

30. 在所学的火焰炉中，哪些窑炉应用流态化技术，有什么共同点？

习　题

1. 要求煅烧白云石竖窑日产合格熟料 125t/d，欲建两座窑，求每座窑所需容积、窑的直径与高度，并绘出简图。

2. 煅烧高铝矾土回转窑，要求年产 55000t/a，年工作日 330d/a，出窑料合格率为 96%，试选用合适回转窑的长度与直径。

3. 试为年产 1.5 万 t/a LZ-75 高铝砖选用一座隧道窑，决定其长、宽、高及各带长度。已知：装砖量 $g = 4000kg$/辆，成品率 $\eta = 92\%$，年工作日 $J = 350d$/a；如设计成拱顶，应计算其横向推力。

4. 结合你所实习厂矿的窑炉（最好为隧道窑）实际，写出一份对该窑评价的报告。

5. 试根据气体垂直分流法则，分析倒焰窑冷却及加热炉加热冷气体时，为何冷气体应自下而上运动？

6. 调查你所在专业实验室所用电阻炉（或其他电热炉）的类型、电热元件、内衬用耐火材料（或保温材料）、最高使用温度、气氛要求、用途等，并写出一份简要报告。如能指出存在问题并提出改进措施则更好。

7. 一般工业窑炉设计的必要条件与内容是什么？试举例说明。

8. 连续式窑炉与间歇式窑炉节能特点有何不同？

9. 试分析隧道窑冷却带靠近烧成带处窑内制品、炉衬、热气体及窑车之间的传热方式。

10. 电阻炉或电热炉炉衬材料选择与火焰炉（高温带）有何异同？

参 考 文 献

1　姜金宁. 硅酸盐工业热工过程及设备. 北京：冶金工业出版社，1994

2　程玉保. 耐火材料工业窑炉. 大连：大连海运学院出版社，1990

3　姜洪舟. 无机非金属材料热工设备. 武汉：武汉理工大学出版社，2005

4　王建平. 国外炼钢用活性石灰煅烧设备及其衬用耐火材料. 国外耐火材料，1999.24（5）3、6~8

5　张美杰主编. 材料热工基础. 北京：冶金工业出版社，2008

6　云正宽. 冶金工程设计 第3册 机电设备与工业炉窑设计. 北京：冶金工业出版社，2006

7　徐兆康. 工业炉设计基础，上海：上海交通大学出版社，2004

8　曾正明. 工业炉修理手册，北京：机械工业出版社，1998

冶金工业出版社部分图书推荐

书 名	定价(元)
材料成型设备	46.00
耐火材料显微结构	88.00
耐火材料厂工艺设计概论	35.00
微粉与新型耐火材料	21.00
耐火材料技术与应用	20.00
钢铁工业用节能降耗耐火材料	15.00
碱性不定形耐火材料	9.80
刚玉耐火材料	26.00
耐火材料手册	188.00
短流程炼钢用耐火材料	49.50
特种耐火材料（第 3 版）	29.00
筑炉工程手册	168.00
非氧化物复合耐火材料	36.00
不定形耐火材料（第 2 版）	36.00
耐火纤维应用技术	30.00
耐火材料工艺学（第 2 版）	18.60
ZrO_2 复合耐火材料（第 2 版）	26.00
钢铁用耐火材料	45.00
化学热力学与耐火材料	66.00
特种耐火材料实用技术手册	70.00
耐火材料新工艺技术	69.00
铝电解炭阳极生产与应用	58.00
工业窑炉用耐火材料手册	118.00
高炉砌筑技术手册	66.00
材料加工新技术与新工艺	26.00
材料科学基础	45.00
多孔材料检测方法	45.00
材料热工基础	40.00